ヤマケイ文庫

山菜＆きのこ採り入門

Oosaku Kouichi

大作晃一

JN196010

Yamakei Library

目 次

野生の植物やきのこの食毒についての注意事項

植物やきのこが食用に向くか、有毒であるかは、マークで示したり、本文で記述したりしました。しかし、有毒のものを誤って食べてしまうことや、有毒でなくても植物やきのこの状態、食べた人の体調・体質などにより中毒する危険があります。

野生の植物やきのこを食用にする際は入念に確認し、鑑定に自信がないときは必ず専門家に確認し、安全性の確認ができたもの以外は、絶対に食べないでください。また、第三者に配らないでください。

本書は安全性に配慮して制作していますが、万が一、中毒事故などが起こった場合、著者、出版社は責を負いかねることをご了承ください。

＊本書は2005年9月に発行した『Outdoor Books⑤山菜＆きのこ採り入門』を文庫化したものです。文庫化にあたっては白バック写真を大幅に増やすなど再編集しています。

● 写真・執筆＝大作晃一
● 編集・文＝山田智子
● 編集＝井澤健輔、神谷有二
● 執筆協力＝安延尚文(p.24〜80)
● 編集協力＝菊地栄子、後藤教公
● 写真協力＝安延尚文
● ブックデザイン＝松澤政昭
● 取材協力(50音順)＝荒井陽子、内堀篤、江連祐三子、大橋勝彦、大橋美恵子、小沢晴司、押田勝巳、北村みち子、倉俣武男、佐藤桂子、佐藤寿憲、阪上津留美、須賀はる子、須賀良行、近田節子、近田隆、平田和弘、吹春俊光、吹春公子、松平喜美代、宮川光昭、山岡昌治

PART 1

山菜採り入門

田んぼの土手。枯れ草を押しのけて、ツクシとアサツキが伸びていた

山菜のフィールド

*私有地には無断で立ち入らず、必ず所有者の許可を得てください。

どこだってフィールド

　食べられる野草は山に登らなくても手に入る。植物はたくましく、地面があれば、どんな場所でも生えてくる。身近な場所では自宅の庭や道端、近所の公園や空き地、ちょっと足をのばして郊外の緑地、そして海。

　もちろん植物にも、それぞれの生育地の好みがあるので、フィールドによって出会える植物は異なる。でも、山菜を探すために遠くのフィールドに出るのではなく、そこにある食べられる野草を探す。仕事の行き帰り、スーツを着ていても山菜は採れる。

春の野で思いがけず見つけたフキノトウ。とっさにスーパーの袋を取り出した

人家の近く

　街路樹の根元やグラウンドカバーの植え込みの下のように、ほかから断絶している地面でも、オオバコ、ハコベ、カキドオシ、タンポポなどが生育している。少し大きな公園に行けば、ヨモギ、ドクダミ、ヨメナ、アケビなどもある。自宅に庭があれば、そこも忘れずに見てみよう。

市街地でも、ちょっとした地面に食べられる植物が見つかる

里山・耕作地の近く

　それほど遠出をしなくても、市街地よりはるかに自然度が高く、さまざまな山菜が見つかる。畑周辺ならナズナ、ハコベ、タネツケバナなど、水田のまわりならセリやクレソンのような水辺のものを摘める。川原や土手も緑地として十分な面積があり、活用できる。

ちょっと郊外に出るだけで、採集できる植物が増える

山地

多くの場合、遠出して訪れる場所になるが、「食べられる野草」ではなく、本格的な山菜を収穫できる。草地ではワラビ、シオデ、林ではハリギリ、ニリンソウ、谷ではクサソテツ、ウバユリ、斜面ではウド、ゼンマイなどが見つかる。靴やウエアなどは山に入るのに適したものにすること。

春先の山地は歩くだけでも楽しいが、ケガや事故に注意

水辺

湿気を好む山菜は多く、水がしみ出るような所にはウワバミソウやギボウシ類などが生えている。清流がある所では、運がよければワサビが摘めるかもしれない。市街地近辺の小川や、水田の畦のまわりではセリやクレソン、タネツケバナなどが見られる。

水辺は山菜の宝庫。広い水辺なら収穫も見込める

海岸

　海岸の山菜は、強い日差しや乾燥から身を守るため、厚くて光沢のある葉をもち、独特な形のものが多い。砂浜にはハマボウフ

海岸やその周辺では、ほかでは見られない山菜が採れる

ウ、オカヒジキ、ハマダイコンなどが生育。ツルナは砂と土が入り混じるような所に、アシタバやツワブキは砂浜から少し離れた草地や崖地などに見られる。

スギ林で山菜採り?

あまり人が立ち入らないスギ林は、山菜採りの穴場

　植林されたスギ林は、スギ以外に生えている樹木は少なく、日当たりもあまりよくない単調な場所だ。山菜採りの常識からいうと、そんなうっそうと暗い場所は行かないのがふつうである。だが千葉県立中央博物館の平田和弘氏によれば、スギ林には適度な湿り気があり、ゼンマイやモミジガサなどが生えているという。ワラビもスギ林のほうが太くてやわらかいものが採れるそうだ。

山菜の採り方・持ち帰り方

採るのは必要な分だけ

　安全な食品を店で買える時代になっても、人は獲物を見ると狩猟本能が騒ぐらしい。半ば義務のように、すべてを採りつくしてしまいたくなるときもある。

　自分で育てた作物なら、それでいい。でも、山菜は大地が育てた自然の恵みだ。だれも肥料を施さないし、土地だって耕さない。それなのに毎年生えてくるのは、植物の繁殖力と大地の力のたまものだ。

　だから山菜を見つけたら、採るのは使う分だけにする。芽を全部摘んでしまったり、根を全部掘り上げてしまったりしたら、来年はもう採れなくなる。採るのは食べる分だけにして、来年も、再来年も山菜を楽しもう。

どんなにたくさん生えていても、必要な分だけ採集する

基本は素手で採る

　山菜のなかにはトゲの鋭いものもあって、軍手がないとケガをしやすい場合もある。しかし、葉や茎を利用する山菜の場合、基本は素手で、指先の感覚を大切にして採集する。

　例えばクコなどは茎を折り取るが、茎の下のほうはかたくて食べられない。やわらかい部分だけ採集するには、茎の下のほうを指でつまみ、そのまま上へ指をすべらせる。すると、ある所で指先の感覚が変わる。変わった所から先が、食用になるやわらかい部分なので、そこから先を折り取る。　たいていの山菜はこの方法で採集できる。

　なお、採集するときは、なるべく太い茎を選ぶと、食べたときにおいしい。

葉や茎を利用する山菜

クサソテツも下のほうから指でさぐり、やわらかい所で折り取る

下のほうから指をすべらせ、指先の感触が変わったら、やわらかい所を折り取る（写真はクコ）

道具を使う

　山菜によってはハサミやナイフなどを使ったほうが楽なものもあるし、地中のもののように、使わないと採集できないものもある。

　ハサミは刃が曲がっている剪定バサミよりも、刃が真っすぐ伸びている事務用バサミのほうが、茂みの奥でも差し込みやすい。ナイフは、たいていはカッターナイフで十分だが、ウドのように太いものは、刃に厚みのあるナイフがいい。採集したら不要な部分はなるべくその場で落とすと、帰ってからの処理が楽だ。

　アサツキのように根も採集するものは、移植ゴテを使って、すくい上げる。採集した結果、地面に穴を開けてしまったようなときは、必ず埋め戻す。

1 カンゾウは根元にナイフを当てて切り取る

2 食べない部分は、採ったその場でハサミで切り落とす

ウドはしっかりとしたナイフで切る

持ち帰り方

　採集したものを直接手に持って歩くと、手の熱が伝わって山菜が筋っぽくなったり、くたくたになったりする。採集したら種類ごとにまとめて新聞紙やチラシにくるむ。長さのあるものは根元を輪ゴムなどで束ねる。

　紙で包んだら、通気性のよい、かごやバスケットなどに入れて持ち運ぶ。

ウコギのように丈の短いものは、新聞紙やチラシを円錐状にまるめて入れると便利

山に入るのなら背中に背負えるかごがあると、両手が空いて安全に歩きやすい

足元のよい平地ならバスケットで。収穫は種類ごとに新聞紙などに包む

13

山菜の下処理

採ったその日にアクを抜く

　山菜を持ち帰ったら、その日のうちにアク抜きまでの処理をしてしまう。最低、これだけはしておかないとアクはどんどん強くなる。疲れていてもがんばろう。

アク抜きは簡単

　アク抜きは、とても大変なことだと思っている人もいるだろう。しかし、ワラビのアク抜きのように（p.16）、灰や重曹が必要なほど強いアクをもつ山菜は、それほど多くない。たいていはゆでればアクが抜けていく。野菜のほうれん草をゆでるのとまったく同じ作業である。

　山菜の中には、アクがあまりないものもある。アクが弱いも

アク抜きの方法

❶ 鍋に湯を沸かし、流水で洗ってゴミや泥汚れを落とした山菜をゆでる。湯の量はなるべくたっぷりと。アクの強さが気になるものは、塩をひとつまみ入れる

❷ ゆでたら湯は捨て、山菜を新しい水にとってさらす。水を1〜2回取り替えて、水から引き上げたら、手で絞ったり、ざるに上げたりして余分な水気を切る

のは水にさらすだけで、切り口からアクが流れ出ていく。アクがあってもなくても、調理の過程でゆでたり、水にさらしたりすることはふつうに行うわけだから、アク抜きを面倒に思うことはない。

その日のうちにできないとき

その日のうちにアク抜きができないときは、持ち帰った新聞紙の包みごとビニール袋に入れて冷蔵庫へ入れる。

余力があればボウルに水を張って山菜をひたし、流水でざっと汚れを落としてから新聞紙やキッチンペーパーでくるみ、さらにビニール袋に入れて冷蔵庫に入れよう。山菜の種類や状態にもよるが、これで案外アクも強くならないし1週間くらいは新鮮な状態を保つことができる。

アクは山菜の個性

ところで山菜の楽しみは独特の野生の風味にある。アクを抜きすぎてしまったら、八百屋さんの野菜と変わらない。アク抜きはほどほどにして、季節の味を楽しみたい。

昔の知恵

昔は薪を燃やした後の木草灰でアクを抜いた。今ではなかなか手に入らないが、機会があったら使ってみよう

ワラビのアク抜き

ワラビのようにアクが強いものは重曹を使ってアク抜きをする。重曹はアルカリ性で、山菜のアクはアルカリ性によく溶けるからだ。重曹は薬局で購入できる。バットに並べたワラビに重曹をふりかけてアクを抜く方法もあるが、ここではもっと簡単な方法を紹介する。重曹を使うといっても少し時間がかかるだけで、手間としては、p.14で紹介した方法と、たいして変わらない。

1 鍋に小さじ1杯程度の重曹を入れ、湯を沸かす

2 ワラビを入れ、再び沸騰するまで加熱する

3 火を止めて、落としぶたをする

4 そのままひと晩おいて、翌日、鍋の水を捨てる

5 新しい水を入れて、十分に水洗いをする

16

山菜を保存する

山菜はあくまでも必要な分だけ採るのが基本。でも、余ってしまったときは保存して、自然の恵みを大切にして、最後まで使いきろう。

冷蔵・冷凍

生のものはp.15で紹介したように、ざっと洗ってから新聞紙やキッチンペーパーに包み、ビニール袋に入れて冷蔵庫で保管する。これで1週間くらいはもつ。

アク抜きをしてゆでた状態のものは水気を切る。使いやすい長さに切りそろえ、プラスチックの密閉容器に入れて冷蔵庫へ。これも1週間くらいは大丈夫だが、早めに食べないと風味が落ちる。

冷凍するときは、若干かためにゆでて、しっかり水切りしたものをフリーザー用の密閉できるビニール袋に入れる。小分けしてラップフィルムに包んでおくと、使いたい分だけすぐに取り出せる。

山菜採りから帰ってきて、すぐに塩漬けをしているところ

水煮

　アク抜きを兼ねて、かためにゆでた山菜を適当な長さに切る。煮沸消毒した空き瓶に詰め、山菜が空気に触れないようにゆで汁を張ってふたをする。

　このまま保存してもいいが、軽くふたをした状態で大きな鍋に瓶を入れ、30分ほど加熱後、熱いうちにふたを閉め込む。こうすると瓶の中が減圧状態になるので、さらに長期の保存が可能になる。

　ふたを閉めるとき、瓶もふたもかなり熱くなっているので、やけどをしないように気をつける。

チシマザサを無駄なく使う

チシマザサの根元付近はかたいが、節と節の間には可食部があり、そのまま捨てるのはもったいない。手で持ったタケノコを包丁でたたき、かたい所とやわらかい所を確かめながら、やわらくて包丁が入る所を切り落としていくと、無駄なく使える。

包丁でたたいて、可食部を探す

瓶詰めにしたゆでたチシマザサ。左が根元付近の可食部を詰めたもの

塩漬け

　塩に漬け込むと山菜から水分が抜け、長期の保存が可能になる。食べるときは塩抜きをする。

塩漬けの方法

ここでは大きな容器を使っているが、家庭用の漬け物容器でも同じようにできる。重石をしたら冷暗所で保管。水が上がってきたらできあがり。

容器の底に塩を敷き、山菜をひと皮並べにしたら、さらに塩をふる

次の段は90度、角度を変えて並べる。このように交互に積み重ねていく

最後の段に塩をしたら落としぶたをして、重石をのせる

佃煮

　佃煮はツワブキで作るきゃらぶきが有名だが、ほかの山菜も佃煮にできる。アクを抜いた山菜を鍋に入れ、しょうゆ、酒、みりん、砂糖などを入れて、汁が煮詰まってつやが出るまで弱火にかける。冷凍すれば1年ほど保存できる。

みそ漬け・粕漬け

　みそや粕に、みりんや砂糖などを加えてよく練り、山菜を入れる。ガーゼなどにくるんで漬け込むと取り出すときに便利だ。1〜2日、塩漬けして余計な水分を出してから漬ける方法も

あるが、いきなり漬けてしまってかまわない。その場合、山菜から出た水でみそや粕が水っぽくなるが、2〜3ヶ月なら保存できる。

みそ漬け。生の山菜を漬けたので、水が出て、みそがたぷたぷになっている

しょうゆ漬け

　しょうゆに漬けるだけでもいいが、しょうゆに酒、みりん、昆布などを入れて煮立て、冷ましたものに漬け込むといっそうおいしい。葉物はそのまま、ウワバミソウやワラビのような肉厚のものは、さっとゆでてから漬ける。

ギョウジャニンニクのしょうゆ漬け

ギョウジャニンニクをしょうゆに漬けると、ギョウジャニンニク自体の保存もできるが、香りがしょうゆに移り、にんにくじょうゆとしても使える。1週間くらいから利用できるようになる。

① 根元のかたい皮を流水の下ではがす。軍手を使うと便利

② 水気を取って瓶に詰め、しょうゆを入れてふたをする

③ まんべんなく漬けるため、時折、瓶を逆さにする

乾燥

　乾かすことで水分を抜き、長期保存する方法。ゼンマイやワラビの保存方として知られている。もみながら乾燥させたゼンマイやワラビは表面に無数の傷ができているため、調理すると煮汁をよく含み、生のものとは、また違う味わいがある。

ゼンマイの乾燥

北の国ではよく行われている保存方法だ。アクを抜いてからむしろなどに広げて、手間をかけてしあげる。

① アク抜きをし、余分な水分を拭き取ったゼンマイをむしろに広げる

② なるべく短時間で乾燥させるため、時々手でもむ

③ 天地を返したりしながら、もむ作業を続け、乾かしていく

④ できあがり。最後はこのくらいちりちりに乾燥する

植物の部位の名称

葉のつくり

主脈
側脈
托葉
葉身
葉柄

葉の縁の形

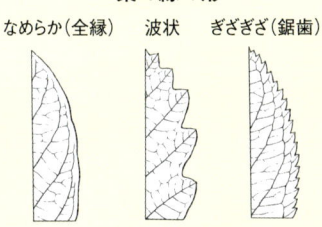

なめらか（全縁）　波状　ぎざぎざ（鋸歯）

葉のつき方

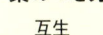

互生　対生　茎を抱く

小葉と複葉

小葉

複葉
本来は1枚の葉だったものが複数に分かれたものを複葉といい、分かれた1片1片の葉を小葉という

茎葉と根生葉

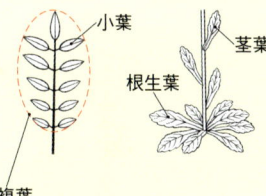

茎葉
根生葉

花のつくり

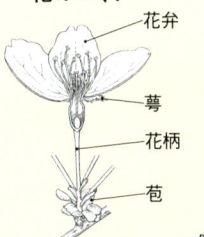

花弁
萼
花柄
苞

花序

花序
花のついている
茎や枝のこと

例：散房状（ナズナ）

仏炎苞

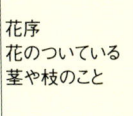

仏炎苞

例：サトイモ科の花

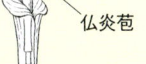

イラスト＝石川美枝子

山菜図鑑

Step1 人家の近く
食べられる13種＋毒1種

スギナ（ツクシ）

トクサ科トクサ属
地方名＝ツクシンボ

採集時期●3〜4月
利用部位●茎、若い頭部
食べ方●佃煮、煮びたし、
ツクシご飯、天ぷら、卵とじ

ツクシはスギナの繁殖器官

スギナ

ツクシ

スギナと
ツクシは地下
でつながっている

早春、ほかの山菜に先駆けて、しかも手軽に採集できるのがツクシだろう。

【分布・環境】全国に分布し、田畑の畦や空き地などに生える。

【採集・調理】ツクシはスギナという多年生のシダ植物の胞子茎で、胞子が成熟すると頭部が開いて胞子を飛ばす。胞子が成熟すると苦みが増すので、胞子を出す前の若いものを採集しよう。節のはかまは食べないので、採ったらすぐに取り除く習慣をつけると、後で手間がかからない。頭部が開いたものを採集したときは、頭部も取り除く。香ばしい香りがして、しょうゆと相性がよく、佃煮が定番の食べ方だが、天ぷらにしてもおいしい。スギナも若いやわらいうちは食べられる。

ヨモギ 食

キク科ヨモギ属
地方名＝モチグサ、モグサ、ヤイトバナ

採集時期 ●3〜5月
利用部位 ●若芽、若葉
食べ方 ●草餅（草団子）、
天ぷら、和え物

毛が生えている

新芽。白っぽく見えるのは綿毛が生えているから

やや生育してからは、茎頂の新芽を摘む

早春の若菜摘みに欠かせない野草のひとつで、独特の香りが特徴。草餅の材料として有名。葉の裏の毛はお灸のもぐさ（艾）にされる。
【分布・環境】本州から九州に分布する多年草。道端や空き地、野山にふつうに見られる。
【採集・調理】早春、伸び始めの新芽を採集する。草餅にするときはゆでて、きざんだものをすり鉢ですり、上新粉をこねてふかした餅や、餅米を炊いてつぶしたものと合わせる。すったものを丸めて冷凍保存すると、いつでも使えて便利。天ぷらの衣は薄くつける。和え物は、ゆでてから水にさらしてアクを抜く。

フキ／フキノトウ

キク科フキ属
地方名＝ミズブキ

フキノトウ。雄花も雌花も
食べられる

葉もゆでて、き
ざんで食用に

葉柄。直射日光が
あたらない所のもの
がやわらかい

食

フキノトウ。ここまで成長す
る前の、もっとつぼみのも
のを利用

採集時期●フキノトウ：3〜4月／
葉柄：5〜8月
利用部位●花芽（フキノトウ）、葉柄
食べ方●フキノトウ：天ぷら、フキみそ、
佃煮／葉柄：佃煮、煮物、炒め物

フキノトウはフキの花芽。花が終わると葉柄が伸びて葉を広げる。
【分布・環境】北海道から九州に分布する多年草。身近な場所
に見られるのでなじみも深く、古くから利用されている。
【採集・調理】早春に出るフキノトウは、花を包む苞が開ききらな
いものを選ぶ。本格的な春を迎えて若葉が茂ったら、やわらかい葉
柄を採集する。フキノトウは天ぷらと、ふきみそが定番。葉柄は長
いまま塩ゆでして、皮をむいてから食べやすい長さに切る。きゃらぶ
き（佃煮）や煮物が定番だが、油を使って調理してもおいしい。ほ
ろ苦さと軽やかな香りで春を楽しみたい。

タンポポ類

キク科タンポポ属

食

葉は、日陰の
もののほうが
やわらかい

日本には約20種のタンポポが
自生し、利用はどれも同じ。写
真は外来種のセイヨウタンポポ

採集時期 ● 一年中
利用部位 ● 若葉、根、花
食べ方 ● 葉：サラダ、和え物／
花：天ぷら、三杯酢／根：飲用

ふつうに見ることが多いのは、外来種のセイヨウタンポポ。
【分布・環境】街中の空き地や道端から野山まで、全国的に幅広い環境で見られる多年草。
【採集・調理】山菜として利用するなら、やはり春が一番。葉は花が咲く前までが採りごろ。やや苦みが強いので、ゆでたらよく水にさらす。花も咲き始めのものでないと苦みが強いが、サラダにすると野性的な味わい。花は摘むと閉じてしまう。天ぷらにするときは採集後、すぐに調理するとできあがりが美しい。葉や茎から出る白い液は無毒なので気にする必要はない。

ヨメナ類 ●食

キク科ヨメナ属
地方名＝オハギ、ウハギ、
ハギナ

ヨメナ類の茎は基部に赤みがある

ヨメナの花。夏から
秋に開花する

葉は長だ円。ふちの
ぎざぎざは目立たな
いこともある

> 採集時期 ●3～5月
> 利用部位 ●若芽、若葉
> 食べ方 ●ヨメナ飯、和え物、
> 天ぷら、炒め物、汁の実

秋に咲く代表的な野菊のひとつ。

【分布・環境】道端や林縁などに見られる多年草。中部地方以西から九州にヨメナ、関東地方以北の本州にカントウヨメナが分布。

【採集・調理】キク科特有の香りが身上なので、ゆですぎないようにする。アクはそれほど強くないが苦みがあり、油揚げなどを取り合わせると食べやすい。きざんで塩で下味をつけたものを、昆布だしで炊いたご飯に混ぜたものがヨメナ飯。近縁のオオユウガギク、シオン属のノコンギクも同じように利用できる。ヨメナの仲間はよく似ていて見分けが難しい。前年に花を確認するとよい。

ノアザミ。茎頂に
頭花がつく

若芽は白っ
ぽく見える

食 **アザミ類**

キク科アザミ属

葉は羽状に裂ける。葉も茎もトゲ
が鋭いので、軍手をして採集する

採集時期●若芽や茎：3〜5月／根：
10〜11月
利用部位●若芽、茎、根
食べ方●若芽：天ぷら、和え物／茎：
天ぷら、佃煮、きんぴら／根：漬け物

アザミは日本に約60種があり、どれも同じように利用できる。
【分布・環境】 多くは多年草。平地から山地まで、さまざまな種が
見られる。
【採集・調理】採集するのは希少性の低いノアザミなどにする。葉
や茎のトゲは鋭いので注意。早春なら若芽、初夏なら若茎を利用
する。茎は太いほうがジューシーだ。アクが強いので、よくゆでて
から利用する。火を通すとトゲは気にならなくなる。茎は塩で板ず
りしてからゆで、皮をむく。根も山菜として有名で、採集の時期は
秋。「ヤマゴボウ」の名で出回るのはモリアザミの根。

29

コオニタビラコ

キク科ヤブタビラコ属
地方名＝タビラコ、ホトケノザ

食

花はシンプルな頭花

葉の切れ込み
はタンポポより
ずっと大きい

ロゼットを広げて、畦などに生える

採集時期●2〜4月
利用部位●若葉
食べ方●和え物、汁の実、天ぷら

春の七草「仏の座」とは本種のことで、シソ科のホトケノザとはまったくの別種。シソ科のホトケノザは食用にはならない。

【分布・環境】本州、四国、九州に分布する2年草で、水田の畦などでよく見られる。

【採集・調理】採集時期は早春から。冬を越してかたくなった葉ではなく、新しく芽吹いたやわらかい若芽を食べるので、関東周辺なら4月くらいまでが目安。アクがあり、苦みもあるので、ゆでた後でしばらく水にさらして和え物にする。吸い物や粥に入れてもいい。天ぷらにするときはアク抜きをせずに、生のまま揚げる。

林床に、そのほかの植物と入り混じって生えていることも多い

ミツバ

セリ科ミツバ属
地方名＝ミツバゼリ、ヤマミツバ

食

先がとがり、
ふちにぎざぎざがある

葉は3枚で1組

採集時期●3〜4月
利用部位●葉、葉柄
食べ方●天ぷら、和え物、卵とじ、薬味

江戸時代から香味野菜として栽培品が流通しているが、野山に生えている。

【分布・環境】北海道から九州に分布する多年草で、湿り気のある林内や林縁などに生える。

【採集・調理】名前のとおり、葉が3枚の小葉からなるのが特徴で、野外でも見分けやすい。採集時期は春で、花の咲く初夏には葉も葉柄もかたくなってしまう。和え物や天ぷら、薬味など、栽培品と同じように利用できるが、野山のものは香味が強い。調理のコツは、自然の持ち味を殺さないよう、サッと湯に通して使う。

ハコベ類

食

ナデシコ科ハコベ属
地方名＝ハコベラ、ヒヨコグサ、
スズメグサ

ハコベ。春の草むらにやや立ち上がって生える

ハコベ類の花は白色

採集時期●ほぼ一年中
利用部位●根以外の全草
食べ方●おひたし、和え物、汁の実

ウシハコベ。ハコベの中でも大型で葉は3〜5cmもある。一度に多くを収穫できるのは魅力

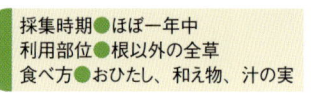

昔から利用されてきた野草で、「ハコベラ」の名前で春の七草にも数えられる。別名の「雛草」「雀草」は昔から鳥に食べさせていたことに由来する。

【分布・環境】北海道から九州に分布し、庭や道端、空き地、田畑の畔などでふつうに見られる1〜多年草。

【採集・調理】主に春、採集するが、秋まで伸び続け、冬でも青々としていて、長期間、楽しめる。根以外は食べられる。たんぱくで食べやすく、おひたしや和え物に向く。青臭さは水にさらして抜く。コハコベ、ウシハコベなどがあり、扱いはどれも同じ。

スイバの若葉

スイバ

タデ科ギシギシ属
地方名＝スカンポ、オカジュンサイ

食

上部の葉の
基部は茎を
抱く

若い実をつけ
たスイバ。赤
色を帯びる

> 採集時期●11〜5月
> 利用部位●若芽、若葉、若茎
> 食べ方●和え物、三杯酢、ぬか漬け

【分布・環境】　冬枯れの畦や野原でも、長い楕円形の葉を茂らせている。北海道から九州に分布し、ふつうに見かける多年草。

【採集・調理】　早春の若芽をゆでて食べる。名前は「酸い葉」で、生のまま葉や茎をかじると酸味がある。この酸味が持ち味だが、結石などの原因となるシュウ酸によるものなので多食は禁物。やわらかい新芽や若葉、若い茎を利用できるが、十分にゆでて水にさらし、シュウ酸を抜くこと。若芽はぬめりのある袋にくるまれていて、水生植物のジュンサイの若芽のようなので、「オカジュンサイ」と呼ぶ地方もある。

カラスノエンドウ

マメ科ソラマメ属
地方名＝ヤハズエンドウ

食

つるをからめて生える

果実は豆果で、サヤエンドウを小さくしたような形

巻きひげ

紅紫色の蝶形の花を咲かせる

小葉はだ円形

採集時期●3〜5月
利用部位●若芽、果実
食べ方●若芽：天ぷら、和え物／
果実：かき揚げ、炒め物

果実を草笛にするので、子どもたちの野遊びの草花と思われがちだが、山菜としても十分に利用できる。

【分布・環境】本州から沖縄にまで分布する、つる性の越年草。道端や空き地の隅、田畑の畦などに繁茂する。

【採集・調理】早春なら若芽を採集する。巻きひげが伸びて花が咲き始めた後は、でき始めてまもない若い果実を採集する。時期を逃すと茎も果実もかたくなって、食べられなくなる。若芽も果実も油との相性がよいので、天ぷらや炒め物に向く。マメ科の植物なだけに豆の味がする。ピーナッツなどと和えるのもおすすめ。

ドクダミ 食

ドクダミ科ドクダミ属
地方名＝ジュウヤク、ドクダメ、
ドクトマリ

葉はハート形

日陰などに群集し、白い花が目立つ

独特のにおいは手などに移りやすく、洗って
も容易に落ちないが、慣れればよい香り

採集時期●5～7月
利用部位●若葉、根
食べ方●葉：天ぷら、和え物、
お茶／根：きんぴら

山菜として利用するには名前の「ドク」が気になるが、ドクダミとは
「毒痛み」で薬効があることを意味し、民間薬としても使われる。
ごくふつうに見られ、群生するので量も確保しやすい。
【分布・環境】本州から沖縄に分布し、初夏のころに道端や空き
地、田畑の畦、林縁などで白い花を咲かせる多年草。
【採集・調理】若葉や根が利用できる。独特のにおいをうまく消し
て調理をするのがコツだが、このにおいが慣れるとクセになる。ゆ
でるときは、ゆで上げ後、よく水にさらす。天ぷらは熱めの油で揚
げる。乾燥させた葉を煎じるとお茶になる。

土手に生えていた
みずみずしい若芽

ヤブカンゾウ

ワスレグサ科ワスレグサ属
地方名＝オニカンゾウ、
カンピョウ、ゼンテイカ

食

ヤブカンゾウの花は八重咲き

根元の、やわらかい白っぽい
部分を食べる

| 採集時期 ● 若芽：3〜5月／花：7〜8月 |
| 利用部位 ● 若芽、花芽、花 |
| 食べ方 ● 和え物、炒め物、天ぷら、酢の物 |

【分布・環境】 北海道から九州に分布する多年草。早春の雑木林の林縁や、田畑の畦や土手などで見られる。人里に多いのは大昔に中国から帰化したためという。初夏に咲く花は八重咲きで、鮮やかなオレンジ色。花が一重のノカンゾウも同様に利用できる。

【採集・調理】 山菜としては早春の若芽と夏前の花芽（つぼみ）、花が利用できる。若芽にはぬめりがあるのでナイフなどで採集する。やわらかく、味をよく含む。ゆですぎないのがコツ。酢みそとの相性がよく、炒め物にも向く。花を酢の物にすれば、鮮やかな色彩を食卓でも楽しめる。

キツネノカミソリ

ヒガンバナ科ヒガンバナ属

毒

一重の花が、
茎頂に3〜5輪咲く

掘り起こすと鱗茎がある

ヒガンバナと同じように、葉の時期に花はなく、花の時期に葉はない

間違えやすい時期●葉：3〜7月
／花：8〜9月
毒のある部位●全体（特に鱗茎）
中毒症状●嘔吐、下痢

ヒガンバナの仲間で、ヒガンバナよりも約1ヶ月早い夏の盛りに花を咲かせる。夏の日差しに鮮やかなオレンジ色がよく映える。

【分布・環境】 本州から九州に分布する多年草で、野山の林縁、田畑の畔や土手などに生える。日本在来種だが、北海道のものは人の手で持ち込まれて野生化したもの。

【見分けのポイント】 葉は早春から伸び出して、花が咲く前に枯れる。全草に毒があるが、地中にできるらっきょう形の鱗茎にヒガンバナと同様、リコリンという毒成分を含む。ノビル（p.43）の鱗茎とも間違えないようにしたい。

Step2 里山・耕作地の近く
食べられる10種+毒1種

セリ

セリ科セリ属
地方名=タゼリ、ミズゼリ、ネジログサ

一面をおおいつくすように生える

食

花期は夏で、小さな白い花が集まって咲く

> 採集時期●3〜5月
> 利用部位●若葉、根
> 食べ方●おひたし、天ぷら、和え物、みそ漬け（葉）、きんぴら（根）

若い茎

小葉のふちにぎざぎざ

春の七草では、まっ先に名前を挙げられる代表的な山菜。
【分布・環境】全国に分布し、水田の溝や小川、湿地などに生える多年草。地下茎から新芽を出して群生する。その様子が「競い合う」ようであることから、セリと名づけられたという。
【採集・調理】採集時期は春から初夏。若葉だけでなく根も食べられる。水中に生えるもの（ミズゼリ）はやわらかく、田のもの（タゼリ）はかたいが香りは強い。セリの魅力は独特の歯ざわりと澄んだ高い香り。ゆですぎると、この魅力を損なう。有毒のドクゼリ（p.39）とは根の形状で確実に見分けられるが、くれぐれも注意。

水辺に生え、セリと入り混じっていることもある

地下茎を縦に切ると、タケノコ状

毒 ドクゼリ

セリ科ドクゼリ属
地方名＝ウマゼリ、バカゼリ

成長すると葉は長くなるが、若葉はセリと紛らわしい

間違えやすい時期●葉：3〜5月
／花：6〜8月
毒のある部位●全体（特に根）
中毒症状●嘔吐、腹痛、神経錯乱、呼吸困難の後に死亡

【分布・環境】 北海道と中部地方以北の本州に分布する多年草で、湿地や池沼、小川に生える。

【見分けのポイント】 セリのような香りはなく、全体に大柄で葉が長めなこと、太い地下茎にはタケノコのような節のあることで見分けられる。しかし、芽出しのころは紛らわしいので注意する。毒は全草にあるが、特に地下茎はシクトキシンという毒成分を含み、食べると吐き気、腹痛、下痢などを起こし、呼吸麻痺から死に至ることもある。古代ギリシャの哲学者・ソクラテスが自害に用いたのは、ドクニンジンではなくドクゼリだという説もある。

ウコギ類

ウコギ科ウコギ属

採集時期 ● 4〜6月
利用部位 ● 若芽
食べ方 ● ウコギ飯、天ぷら、
和え物、佃煮

ふちにぎざぎざ

葉は、小葉が5枚集まった
手のひら形

トゲがあるので注意。枝先端の芽が開く前なら、多少葉が伸びていても利用可

【分布・環境】一般にウコギと呼ばれるのはヒメウコギだが、ヒメウ
コギは中国原産の帰化植物。山野ではヤマウコギやケヤマウコギ
などが生育している。落葉低木で、分布は種類によって多少異な
るが、北海道から九州まで見られ、林内や林縁に生える。
【採集・調理】採集時期は春で、伸び始めた若芽を摘む。伸び
すぎたものは苦みが強い。和え物などにする場合はよくゆでて、水
にさらして苦みを抜く。きざんで塩味をつけたものを、炊きたてのご
飯に混ぜるとウコギ飯で、フレッシュでスパイシーな野の植物の味
がする。

クコ

ナス科クコ属

葉は長さ2〜4cmで、ふちはなめらか

枝をたくさん出す。枝先に束になってつく葉を摘む。枝先や葉腋にはトゲがある

採集時期●若芽：4〜5月／
実：10〜12月
利用部位●若芽、果実
食べ方●クコ飯、おひたし、天ぷら、和え物、炒め物、果実酒

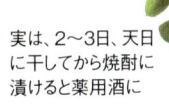

実は、2〜3日、天日に干してから焼酎に漬けると薬用酒に

漢方薬として利用され、乾燥させた果実を強壮や解熱に用いる。
【分布・環境】本州から沖縄まで分布し、野原や海岸、川原、林縁など、日当たりのよい場所に生える落葉低木。
【採集・調理】山菜としては若芽が利用でき、果実は果実酒になる。若芽の採集時期は主に春で、やわらかいものを摘む。群生していることが多いので、比較的楽にまとまった量が収穫できる。ゆでてきざんでクコ飯にする。クセがないので、そのほかのさまざまな料理に向く。果実は晩夏から初冬まで見られるが、果実酒にするなら早めの採集がいい。

アサツキ

ネギ科ネギ属

小さな花が集まって、ボール状に咲く

鱗茎は細長い卵形。紫色の外皮に包まれているが、中身は白い

群生していることが多い

採集時期●鱗茎：一年中／
若葉：3〜5月
利用部位●鱗茎、若葉
食べ方●生食、和え物、薬味

名前は「浅い緑色のネギ」の意味で、古くから栽培もされている。

【分布・環境】本来は北海道、本州、四国に分布し、海岸近くから山地にまで生える多年草。

【採集・調理】若葉の採集時期は春から夏にかけて。花が咲くと葉はかたくなってしまう。葉は円筒形で中空、特有のネギ臭があるので見分けは容易。鱗茎は一年中、利用可能。スコップで掘り起こし、大きなものだけを選んだら、利用しないものは埋め戻す。薬味として魚介類との相性は抜群で、さっとゆでて、酢みそと和えてもおいしい。

食

葉は、冬も枯れない

ノビル

ネギ科ネギ属
地方名＝タマヒル、ヒロ、
ヒロッコ、ヌビル

アサツキより花はまばら。
花序にむかごができること
もある

鱗茎は丸い。白い薄皮
を、むいて利用する

採集時期●鱗茎：一年中／
若葉：3〜5月
利用部位●鱗茎、若葉
食べ方●生食、和え物、天ぷら

【分布・環境】野生のネギで、全国に分布し、田畑の畦や土手、草地などにふつうに見られる多年草。

【採集・調理】細い葉がまとまって生える。葉はアサツキより細めで、断面は三日月形。葉の採集時期は春、地中の鱗茎は一年中、利用できる。手で引き抜くと途中で切れてしまうので、スコップなどで掘り起こす。鱗茎の大きなものだけ選び、残りは埋め戻す。薄皮を取り除いた鱗茎は、みそをつけて生食を。ゆでたものはぬめりが味わい深く、和え物に。天ぷらにも向く。

タネツケバナ

アブラナ科オランダガラシ属
地方名＝タガラシ、ミズガラシ、タゼリ

食

小葉が向き
合ってつく

花は白色。花期は春から初夏までと長く、暖地では3月中旬から花を咲かせる。花が咲いても茎がやわらかいうちは食べられる

採集時期 ●2〜4月
利用部位 ●若芽、花芽
食べ方 ●おひたし、和え物、天ぷら

種もみを水につけ、田植えの準備を始めるころに花を咲かせることから、「種漬花」という名前がついた。

【分布・環境】全国に分布し、田の畦や水辺など湿った場所に生える越年草。

【採集・調理】採集時期は早春。若芽や花芽（つぼみ）を茎ごと摘む。若芽は軽くゆでて水にとり、水気を切ってから、おひたしや和え物に。つぼみがついたものは天ぷらに。口に広がるほのかな辛みがタネツケバナの味わいで、肉に添えて薬味のように使ってもいい。別名の「田辛子」「水辛子」もこの辛みに由来する。

44

食

クレソン

アブラナ科オランダガラシ属
地方名＝オランダガラシ

白い小さな花をつける

たいてい群生しているので、
短時間で量を確保できる

採集時期●ほぼ一年中
利用部位●若葉
食べ方●サラダ、おひたし、和え物、炒め物

【分布・環境】 水辺に生えるヨーロッパ原産の多年草で、明治時代に軽井沢などで外国人用に栽培されたのが最初という。繁殖力が旺盛で、野生化したものが、水辺をおおうように生えている場所も多い。

【採集・調理】 採集時期は主に春だが、若芽が次々に伸びるのでシーズンは長い。茎の先端から10cmほどの部分を利用するが、流れの中にあるもののほうがやわらかい。肉料理の添え物やサラダで生食するほか、さっとゆでておひたしや和え物にしても、さわやかな辛みが楽しめる。

45

アケビ類 食

アケビ科アケビ属
地方名＝キノメ

からみついて、高い木まで上る

アケビのつるの先端

アケビの葉。小葉が5枚あるので「イツツバアケビ」とも呼ばれる

小葉が3枚のミツバアケビもある

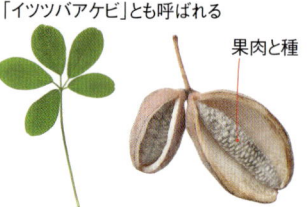

果肉と種

果実。果肉は生食、皮は加熱して食べる

| 採集時期 ● 若芽：4〜6月／果実：9〜10月 |
| 利用部位 ● 若芽、果実 |
| 食べ方 ● 若芽：おひたし、和え物、天ぷら／果実：生食など |

【分布・環境】本州から九州にはアケビが、北海道から九州にはミツバアケビが分布。どちらも丘陵や山地の雑木林にふつうに見られるつる性落葉樹。

【採集・調理】若芽は「木の芽」と呼ばれて食用となる。先端の10〜15cmを自然に折れる所で折る。手に持っていると体温の影響を受けてかたくなるので、袋などに入れて持ち帰る。若芽の魅力は、ほろ苦さ。ゆでて水にさらし、おひたしや和え物にする。果実の果肉は生食し、皮に炒めたひき肉や野菜を詰めて蒸すと、野趣あふれる一品になる。

藤色の花の房を垂らす

 ## フジ

マメ科フジ属
地方名＝ノダフジ

採集時期●5月
利用部位●花（花序）
食べ方●天ぷら、炒め物、サラダ

【分布・環境】 本州から九州に分布。野山の林縁などに生えるつる性落葉樹。近畿地方以西の本州から九州に分布するヤマフジも同様に利用可。

【採集・調理】 咲き始めの花を房ごと天ぷらやサラダにする。

香水のような香りと、ほのかな甘みがある

 ## ニセアカシア

マメ科ハリエンジュ属
地方名＝ハリエンジュ

採集時期●4〜5月
利用部位●花（花序）
食べ方●天ぷら、炒め物、サラダ

【分布・環境】 北アメリカ原産の落葉高木。街路樹や蜜源植物として利用され、野生化もしている。

【採集・調理】 咲き始めの花を房ごと摘む。枝に鋭いトゲがあるので注意。素揚げ、炒め物、サラダに利用。

Step3 丘陵から山地
食べられる20種＋毒5種

数本ずつ生えるゼンマイの株。若いものほど綿毛が厚く、遠目には茶色っぽく見える

ゼンマイ類

山菜として知られているシダのなかでも、ゼンマイ、クサソテツ（コゴミ）、ワラビは特に有名。どれも葉を広げる前の若芽を利用するが、ゼンマイとクサソテツは、栄養を吸収する栄養葉（裸葉）だけを食用にする。胞子をつくる胞子葉（実葉）は、食用にはならない。

【分布・環境】3種とも、北海道から九州に分布する。

> 採集時期●4〜5月
> 利用部位●若芽
> 食べ方●炒め煮、煮物、汁物、和え物、汁の実。クサソテツは天ぷら、塩ゆで、炒め物、おひたし、サラダにも向く

48

ゼンマイ

ゼンマイ科ゼンマイ属
地方名＝ゼンメ、ゼンゴ、
アオゼンマイ

綿毛は
取り除く

栄養葉

栄養葉と胞子
葉があり、食べ
られるのは栄
養葉だけ

乾燥ゼンマイ。生
より香りが豊か
で、うまみも強い

【採集・調理】1株か
ら少しずつ、手で折り
取る。重曹や木灰を入
れた湯でゆで、ふた
をしてひと晩置き、流水
で洗ってアクを抜く。そ
れを天日に干し、手で
もんで水気を抜くと乾
燥ゼンマイになる。

クサソテツ
（コゴミ）

コウヤワラビ科クサソテツ属
地方名＝コゴミ

【採集・調理】1株か
ら少しずつ、手で折り
取る。ゼンマイ同様、
栄養葉を利用する。や
わらかく、アクもないの
で、特に下処理をしな
いで調理できる。ゆで
ただけでサラダにも。

綿毛には
包まれていない

栄養葉

ワラビ

コバノイシガマ科
ワラビ属
地方名＝サワラビ

【採集・調理】手で折
り取る。ゼンマイほどで
はないが、アクがある
ので、重曹や木灰で
アク抜きをする。若芽
のぬめりがおいしい。

握りこぶし
のような形

少し距離をおいて、
ぽつんぽつんと生
える

49

ツリガネニンジン

キキョウ科ツリガネニンジン属
地方名＝トトキ、ヌノバ、チチッパ

食

釣鐘形の花

成長すると長く
茎を伸ばす

地上に出ていた若芽

枯れ草などにおおわれた下に、太くて白い
茎が隠れていた

採集時期●4〜5月
利用部位●若芽、若茎
食べ方●天ぷら、和え物、おひたし、
汁の実、煮びたし

夏から秋、釣鐘形で薄紫色をした花を咲かせる。山菜としては、昔から「トトキ」と呼ばれて親しまれている。

【分布・環境】北海道から九州に分布する多年草で、山野の草地や土手などに生える。

【採集・調理】卵形でふちにぎざぎざのある葉が、4枚ほど輪生しているのが特徴。茎は中空で、折ると白い乳液を出す。若芽や少し伸びた茎の先端を摘む。群生していることも多いので、見つけたらその周辺も探す。アクが少なくクセもないので、天ぷらやおひたし、和え物などをはじめ、さまざまな料理に利用できる。

葉が、まだ開いていないものを利用する

イヌドウナ

キク科コウモリソウ属
地方名＝ウドブキ

採集時期●5〜6月
利用部位●若芽、茎
食べ方●天ぷら、煮物、和え
物、おひたし、卵とじ、汁の実

【分布・環境】 中部地方以北の本
州に分布する多年草。

【採集・調理】 若芽ややわらかい茎
を摘む。茎は中空で、ポキンと折り取
れる。アクは弱い。天ぷらや煮物な
ら、そのまま調理できる。和え物やお
ひたしは、ゆでて水にさらす。生のま
ま塩漬けにしてから調理してもいい。
別名の「ウドブキ」は、ウドとフキの両方
の香りがすることからつけられた。し
ゃきしゃきした歯ごたえとともに、上品
な香りを楽しみたい。同じ仲間のヨ
ブスマソウも、同じように利用する。

成長すると長く
花茎を伸ばして、
花を咲かせる

葉は、ふちが
ぎざぎざ

51

コシアブラ

食

ウコギ科ウコギ属
地方名＝アブラッコ、イモノキ、
ゴンゼツノキ、ゴンゼツ

小葉が5枚ずつつき、ふちにぎ
ざぎざがある

| 採集時期 ● 4〜5月 |
| 利用部位 ● 若芽 |
| 食べ方 ● 天ぷら、和え物、炒め物、卵とじ、汁の実 |

長い柄

食べごろの若芽。ばら
ばらにならないように、
根元から折り取る

【分布・環境】北海道から九州に分布し、山地の林に生える。高さ20mになる落葉高木で、灰白色の樹皮にポツポツと皮目がある。
【採集・調理】伸び始めた若芽を摘む。材に粘りがあって枝がよく曲がるので、フックやロープを使って枝を引き寄せる。別名の「アブラッコ」は、採集時に手が黒くなるほど脂肪分がたっぷり含まれているため。やわらかく、味にコクがあるのが人気の理由。油と相性がよく、そのまま天ぷらや炒め物にすると苦みが楽しめる。ゆでたものは和え物に。雑木林に生えるハリギリも苦みのある山菜として、同じように利用できる。

葉は、枝先に
集まってつく

鋭いトゲに注意

 タラノキ <img_食>

ウコギ科タラノキ属
地方名＝タラ、タランボ、タ
ラノメ

幹の先の太い
一番芽を採る

小さな花を夏から秋に多数咲かせる

採集時期●4～5月
利用部位●若芽
食べ方●天ぷら、焼き物（直火焼き）、
和え物

「山菜の王様」とも呼ばれ、栽培品はスーパーの野菜売り場にも
並ぶほど人気が高い。
【分布・環境】北海道から九州に分布し、野山の林縁や伐採跡
地、崩壊地などに見られる落葉低木。
【採集・調理】ひとつの株から若芽をすべて採集すると枯れてしま
うので、幹の先端にある太い一番芽だけを採る。ほろ苦さとさわや
かな香りがあり、つけ根の太い部分はボリュームもあるので、どん
な調理法でも楽しめる。そのまま天ぷらやフライ、直火焼きに。和
え物にするならゆでて水にさらす。

53

ウド

ウコギ科タラノキ属
地方名＝ヤマウド

食

葉を茂らせ始めたウド。軟白栽培ものが出回るが、野生のものは味が濃厚で香り高い

採集したウド。赤っぽいところが地中に埋まっていた部分

茎のまわりの土を掘り下げて、茎に刃を当てる。掘り返した土は、必ず埋め戻す

採集時期●4〜5月
利用部位●若芽、皮、茎（土中のもの）
食べ方●茎、葉：天ぷら／皮：きんぴら／茎：和え物、煮物、焼き物、漬け物

草本だが、花の時期には高さ2mほどにもなる。大きくて役に立たない「独活（ウド）の大木」という言葉の由来。

【分布・環境】北海道から九州に分布する多年草。山野の崩壊地や山火事跡の斜面に多い。

【採集・調理】葉を開いていない若芽の、土中の茎の太いものを選ぶ。根を地中に残し、茎を根元に近いほうで切る。皮をむいた茎を酢水につけてアク抜きする。葉は天ぷら、皮はきんぴらに。茎は定番の料理法以外に、バターやチーズなど洋風の味つけとも相性がよい。素揚げしたものをカレーに添えてもおいしい。

ハナイカダ

ハナイカダ科ハナイカダ属
地方名＝ママッコ、ムコナ、
ヨメノナミダ

食

実

雌雄異株で、雌株も雄株も山菜として利用できる。写真は雌株が結実したところ

若芽の時期でも、すでに花芽（つぼみ）がついている。葉の中央の粒状のものが花芽

採集時期●4〜6月
利用部位●若芽
食べ方●和え物、おひたし、天ぷら、汁の実、菜飯

葉の上に花が咲いて実を結ぶ、変わった植物。名前はその様子をいかだに見立ててついた。

【分布・環境】北海道南部から九州に分布する落葉低木で、丘陵や山地の湿った林に生える。奄美諸島以南には変種で葉の細いリュウキュウハナイカダが分布する。

【採集・調理】伸び出した若芽を摘む。若芽にはアクはほとんどないので、軽くゆでれば食べられる。おひたしや和え物、汁の実、菜飯と、料理の幅も広い。天ぷらは衣を片面につけ、葉をばらさないように揚げるのがコツ。

イタドリ

タデ科ソバカズラ属
地方名＝サシガラ、スイカンポ、
スカンポ

葉が開く前の茎を
折り取る

茎は中空

角張る

展開した葉は、葉柄側が
角張っている

道端などに群生する。夏になる
と白い小さな花がたくさん咲く

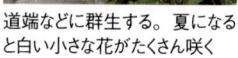

採集時期●4〜5月
利用部位●若茎
食べ方●天ぷら、煮物、和え物、酢の物

昔から「スカンポ」と呼ばれて親しまれ、皮をむいた若芽はさわやかな酸味がある。

【分布・環境】北海道から九州に分布し、平地から山地の林縁や道端、土手、草地などに見られる多年草。

【採集・調理】採集時期でもある芽出しのころは、茎だけが地面から伸びていて、タケノコのような印象。中空の茎を、根元のほうからポキンと折り取る。若芽は天ぷらに、少し伸びた茎はゆでて水にさらし、皮をむいて煮物などに。塩漬けにすれば保存も可能。酸味のもとはシュウ酸なので、食べすぎないように注意する。

ワサビ

アブラナ科ワサビ属
地方名＝ヤマワサビ、サワワサビ

食

葉柄が長く、つやのある丸いハート形の葉

渓流沿いに、こんもりと葉を茂らせる

採集時期●4〜5月
利用部位●若葉、葉柄、花茎
食べ方●おひたし、サラダ

「わさび」本体の根茎。
参考までに掘ったが、
野生のものの利用は
葉と花のみにしておく

ジャパニーズハーブの代表格。ツンと鼻にくる独特の辛みと風味は和食に欠かせない。

【分布・環境】北海道から九州に分布する多年草で、深い山の水がきれいな渓流沿いに生える。

【採集・調理】春から初夏に若い葉と花茎を採集する。いわゆる「わさび」本体の根茎は、生育地を守るために採集しないで残しておく。下ごしらえはさっと湯通しする程度で、風味を損なわないようにする。もんで、少量の砂糖と合わせると辛みが増す。湿った林に生えるユリワサビも、同じように利用できる。

サンショウ

ミカン科サンショウ属
地方名＝ハジカミ、キノメ

種子

果皮

実が熟すと皮が破れ、黒い種子が現れる。この果皮が山椒の粉になる

花は黄色

枝のトゲが、左右に1本ずつ対になっているのがサンショウ。トゲが対でないものはイヌザンショウで利用できない

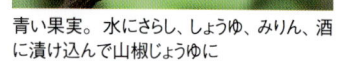

青い果実。水にさらし、しょうゆ、みりん、酒に漬け込んで山椒じょうゆに

採集時期	●3～10月
利用部位	●若芽、果実
食べ方	●佃煮、山椒みそ、薬味、山椒じょうゆ

香辛料として古くからおなじみ。春の若芽、夏の青い果実、秋の熟した果実と、ほぼ通年利用できる。

【分布・環境】北海道から九州に分布する落葉低木で、山野の林縁などに見られる。庭木として植えられることも多い。

【採集・調理】若芽は一般に「木の芽」と呼ばれ、そのまま香りづけに利用したり、ゆでてアクを抜いてから佃煮や山椒みそにしたりする。青い果実は、しょうゆに漬けて山椒じょうゆに。熟した果実は黒い種子を捨て、果皮だけを天日でよく干し、すり鉢ですって山椒の粉に。花にもピリッとした風味がある。

葉柄がなく、葉は茎に直接つく

ウワバミソウ（ミズ）

食

イラクサ科ウワバミソウ属
地方名＝ミズナ、アカミズ、ヨシナ

葉はゆがんだ楕円形で、ふちにあらいぎざぎざがある

採集時期●5〜9月
利用部位●茎
食べ方●茎：おひたし、和え物、炒め物

茎は根元が赤い

つぼみは白く、初夏に花が咲く

「ミズ」という名でも有名で、茎は水分が多くてやわらかい。
【分布・環境】北海道から九州に分布する多年草。丘陵から山地の沢沿いなど、湿った場所に生える。
【採集・調理】茎が太く、赤みの強い物を選び、根元を折り取る。同時に葉を落とすと、下ごしらえが楽。茎は歯ごたえがあり、味はたんぱくで、いくらでも食べられる。ゆでて、好みの調理法で食べよう。秋の茎はぬめりが強い。ゆでたあとで包丁やすりこぎでたたくと、あっさりとしたとろろのようになる。山椒みそなどと合わせて、ごはんの上へ。

ニリンソウ

キンポウゲ科イチリンソウ属 食

花柄を2本伸ばすが、1輪のときも3輪のこともある

花柄

表

裏

光沢がなく、トリカブトの葉より薄い

葉は切れ込みが深く、3枚が輪生

猛毒のトリカブトと葉がよく似ていて間違えやすいので、採集の時は葉に光沢がなく、白いつぼみをつけていることを確認しよう

採集時期●4〜5月
利用部位●若芽、花茎
食べ方●おひたし、サラダ、漬け物（浅漬け）

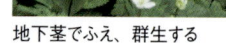
地下茎でふえ、群生する

【分布・環境】北海道から九州に分布し、丘陵や山麓の林床に生える多年草。通常2輪ずつ花をつけることが、名前の由来。
【採集・調理】葉や花茎を摘む。花茎は花が咲いていたり、つぼみがついていたりしても食べられる。アクは少なく、軽くゆでればすぐに利用できる。生の葉をさっと炒めて塩味で食べてもおいしい。東北地方では生のまま塩でもみ、浅漬け風にして食べる。葉は猛毒のトリカブトと似ている。両者は混じり合って生えていることもあるので、くれぐれも注意する。ニリンソウの葉は3枚が輪生し、切れ込みが深く、表面に光沢がない。

ヤマトリカブト

夏以降なら、紫色の烏帽子形の花で見分けられる

1枚の葉が深く切れ込む

表　　裏

光沢があり、ニリンソウの葉より厚い

毒

トリカブト類

キンポウゲ科トリカブト属

間違えやすい時期 ●4〜7月
毒のある部位 ●全体（特に根）
中毒症状 ●口のしびれに始まり、呼吸困難やけいれんを起こした後に死に至る

春先のヤマトリカブト

毒

ウマノアシガタ

キンポウゲ科キンポウゲ属

北海道から九州に分布する多年草で、草原や田畑の畦、道端などに生える。毒草で、中毒すると腹痛や下痢を起こす。若葉がニリンソウと紛らわしい。

【分布・環境】トリカブトは多年草で、日本にはヤマトリカブト、タンナトリカブトなど、20数種がある。分布はそれぞれだが、北海道から九州にかけて、山野の林内や道端、草原に、いずれかが自生。強弱はあるが、どれも有毒。

【見分けのポイント】ニリンソウと葉が似ている。春はニリンソウには花があるがトリカブトには、花はない。ニリンソウを採集したら、花茎を確認。葉は、トリカブトのほうが厚く、光沢がある。

花弁に光沢がある

表

葉は深く3裂する

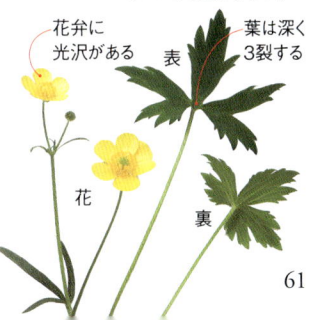

花　　裏

ギボウシ類

食

キジカクシ科ギボウシ属
地方名＝ウルイ、ヤマカンピョウ

コバギボウシの花。
夏に咲く

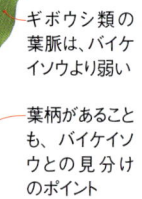

オオバギボウシの葉。葉の長さは30〜40cm

ギボウシ類の
葉脈は、バイケ
イソウより弱い

葉柄があること
も、バイケイソ
ウとの見分け
のポイント

コバギボウシの葉。葉の長さは10〜
20cmと小さいが、味はよい

採集時期	●4〜6月
利用部位	●若芽、若茎
食べ方	●天ぷら、煮物、和え物、三杯酢

たんぱくな山菜で、「ウルイ」という名で、栽培品が店頭にも出回る。
【分布・環境】 北海道から九州まで分布する多年草。山地の林
や草地に生えるオオバギボウシや、本州から九州に分布するコバ
ギボウシが利用できるが、どちらも芽出しのころの様子が毒草のバ
イケイソウと紛らわしい。
【採集・調理】 葉が開く前の若芽、葉が開いた後の若い茎が利
用できる。クセがなく食べやすく、アク抜きしないで天ぷらや炒め物
にできる。ゆでて和え物にすると、独特のぬめりと歯ごたえが楽し
める。ヤマカンピョウは、ゆでた葉柄を乾燥させたもの。

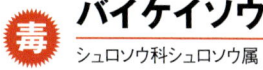

バイケイソウ

シュロソウ科シュロソウ属

バイケイソウの花。1.5mほどに伸びた茎に、緑白色の花を多数咲かせる。コバイケイソウは、もっと花序が大きく、花も密につく

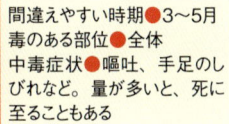

間違えやすい時期●3〜5月
毒のある部位●全体
中毒症状●嘔吐、手足のしびれなど。量が多いと、死に至ることもある

バイケイソウは葉柄がなく、葉が茎を抱く。芽出しのころは葉柄の有無がわかりにくいが、葉脈がギボウシよりもくっきりとしていて、山折り、谷折りをくり返している

【分布・環境】バイケイソウは北海道と中部地方以北の本州に分布する多年草で、山地の林内や湿った草原に生える。近縁のコバイケイソウは北海道と中部地方以北の本州に分布し、山地の湿原や亜高山の湿った草原に生える。

【見分けのポイント】バイケイソウ類は、芽出しのころが山菜のギボウシ類と似ていて誤食事故が多い。しかし、バイケイソウは葉が茎を抱くが、ギボウシ類は葉に葉柄がある。また、バイケイソウの葉脈は、くっきりとしていて、しかもプリーツ状であることで見分けられる。

ギョウジャニンニク

ネギ科ネギ属
地方名＝アイヌネギ、エゾネギ

小さな群落をつくって生える。繁殖力が弱いので、1株から葉を1枚採る程度にし、たくさんは採集しないでおく

花期は6〜7月で、葉の採集時期には、まだ咲いていないことが多い

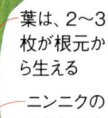

葉は、2〜3枚が根元から生える

ニンニクのようなにおいがある

鱗茎は網目状の繊維でおおわれている。参考のために掘り起こしたが、通常の採集では、根はそっとしておく

> 採集時期●5〜6月
> 利用部位●若芽、若葉
> 食べ方●おひたし、和え物、スープの具、炒め物

全草に強いニンニク臭があり、修行中の行者が食べて精をつけたというのが名前の由来。

【分布・環境】北海道と近畿地方以北の本州に分布する多年草で、深い山のやや湿った林内に生える。

【採集・調理】若芽や花が開く前のやわらかい葉を摘む。アクがなく、軽くゆでれば調理できる。火を通しすぎるとせっかくの香りが抜けてしまう。生の葉をしょうゆ漬けにしてもいい。芽出しのころの様子が毒草のスズランと似ているが、においで見分けることができる。鱗茎が網目状の繊維でおおわれているのも特徴。

白い釣鐘形の花

根

スズラン

キジカクシ科スズラン属
地方名＝キミカゲソウ

ギョウジャニンニクに雰囲気は似ているが、ニンニクのようなにおいはない

花期は4〜6月で、ギョウジャニンニクの葉の採集時期には、すでに開花している

■ 間違えやすい時期●3〜4月
毒のある部位●全体
中毒症状●血液凝固作用があり、心不全を引き起こす

白い小さな花には芳香があり、清純なイメージで花壇にも植えられるが、有毒の植物。

【分布・環境】北海道、本州、九州に分布する多年草で、山地や高原の草地に生える。毒成分はコンバラトキシンで、血液凝固作用があるため心不全を起こす原因になる。

【見分けのポイント】芽出しのころの様子が、ギョウジャニンニクによく似ている。しかし、ギョウジャニンニクは特有のニンニク臭があるので、注意していれば間違えることはない。ドイツスズランが園芸種として栽培されているが、こちらも有毒。

65

ナルコユリ 食

キジカクシ科アマドコロ属

> 採集時期 ●4〜5月
> 利用部位 ●若芽、若茎
> 食べ方 ●天ぷら、フライ、
> 和え物、おひたし

根は、太く横にはう

若芽。ナルコユリもアマドコロも、茎がゆるく曲がる

成長した
ナルコユリ

初夏のころ、長い茎に釣鐘形の花がいくつもたれ下がる。その様子を鳴子に見立てたのが名前の由来。

【分布・環境】北海道から九州に分布する多年草で、山野の林内に生える。

【採集・調理】春に出る若芽を利用する。アクはほとんどないのでゆですぎないように。ほんのり甘く、やさしい味がする。仲間のアマドコロも同じように利用できる。毒草のホウチャクソウや、同じく有毒のチゴユリと似るが、ナルコユリには太い根茎があり、葉に白っぽい感じがある。

ホウチャクソウ

イヌサフラン科チゴユリ属

花もナルコユリやアマドコロに似るが、根は異なる

■間違えやすい時期●4〜5月
毒のある部位●葉、茎
中毒症状●嘔吐、下痢

芽出しの様子が、ナルコユリやアマドコロに似る

たれ下がって咲く花を、寺院などの軒に下げる宝鐸（ほうちゃく）に見立てたのが名前の由来。

【分布・環境】 全国に分布する多年草で、野山の林内や林縁に生える。

【見分けのポイント】 毒成分は詳しくわかっていないが、誤食すると嘔吐や下痢の症状が出ることもある。ナルコユリやアマドコロにはごつごつした根茎があるが、ホウチャクソウはふつうの根であること、葉や茎に苦みと悪臭があること、茎が枝分かれすることが見分けるポイントになる。

67

ウバユリ

ユリ科ウバユリ属

若葉のころの鱗茎

花のころは花茎
を長く伸ばす

地上の若葉の様子

葉を開く前の状態

採集時期●10〜5月
利用部位●鱗茎
食べ方●煮物、焼き物

花が咲くころに葉が枯れていることが多いので、「葉がない」と「歯がない」の語呂合わせが「姥百合」という名前の由来という。

【分布・環境】関東地方以西から四国、九州にかけて分布する多年草。夏のころ、山野のやや湿った林内や林縁で長い茎を伸ばし、その先端に緑白色の花をいくつも咲かせる。

【採集・調理】鱗茎、いわゆる百合根を利用する。若葉のころも、秋から冬も採集ができる。春は若葉を、秋冬は枯れ残っている果穂を目印に探す。洗って皮をむき、煮物や茶碗蒸しの具に。アルミホイルで包み焼きすると、ほくほくしておいしい。

シオデ

食

シオデ科シオデ属
地方名＝ヒデコ、ショデコ、ショウデ

葉を広げ、巻きひげ
を出した様子

アスパラガスの
ような風貌。茎
の太いものを摘む
と食べごたえがある

草地に1本、すっくと生える

採集時期●5〜7月
利用部位●若茎
食べ方●フライ、塩ゆで、
和え物、サラダ、炒め物

つる性で、成長すると葉の基部から巻きひげを出して、からみつく。名前はアイヌ語の「シュウオンテ」に由来するという。
【分布・環境】北海道から九州に分布し、山野の林縁や草地に生える多年草。
【採集・調理】まだ巻きひげの出ていない若芽を摘む。仲間のタチシオデも同じように利用できる。タチシオデは名前のとおり若芽が直立し、シオデよりも早く現れる。どちらもアクがなく、塩ゆでしただけでおいしい。マヨネーズにも合う。味はアスパラガスに例えられることが多いが、調理方法も同じように考えていい。

チシマザサ
（ネマガリタケ）

イネ科ササ属
地方名＝ネマガリタケ、
タケノコ、ジタケ

食

タケノコを
小さくしたような形

採集時期●5〜7月
利用部位●若芽（タケノコ）
食べ方●焼き物、汁の実、
煮物

【分布・環境】北海道と中部地方以北の本州に分布する多年生の植物。雪国のササらしく、根元から横に伸びて弓なりに立ち上がるのが別名「ネマガリタケ」の由来。

【採集・調理】枯れ葉の間から顔をのぞかせたタケノコを採る。倒れているのとは反対方向に引き上げて、そのまま折り取る。皮をむき（p.102）、米のとぎ汁かぬかを入れた湯でゆでる。煮物や汁の実、ホイル焼きなどで楽しめる。採りたてを皮つきのまま焼き、みそをつけて食べるとおいしい。焼いたときに立ち上る、トウモロコシのような香りも楽しみ。

チシマザサはやぶの中、伏せるように生えている。迷子にならないように注意

Step4 海岸の近く
食べられる6種

ツワブキ

キク科ツワブキ属
地方名＝ツワ、ツヤブキ

秋に黄色い花を
咲かせる

つやのある葉は海辺の強い光に負けない強さがある。切り落とした葉は天ぷらに

> 採集時期●一年中
> 利用部位●若葉、葉柄
> 食べ方●天ぷら、おひたし、
> 　　　　和え物、煮物（葉柄）

【分布・環境】本州の福島県以西から九州まで分布する多年草で、暖地や海岸に生える。名前のとおり葉が厚くてつやがある。観賞用に庭や公園にも植えられている。

【採集・調理】一年中、採集できるが、春のものが食べやすい。薄茶色の綿毛に包まれた若葉を葉柄ごと摘む。持ち帰ったら、まず葉と葉柄を切り分ける。アクが強いので、葉柄は重曹を入れてゆで、しばらく水にさらしてから皮をむく。板ずりをしてから、ゆでてもよい。茎をきゃらぶきにするのが定番。切り落とした葉は、天ぷらにする。

べっとりとした黄色い乳液が出る

新芽。成長したものは繊維質でかたいが、若芽は生食できる

アシタバ

セリ科シシウド属
地方名＝ハチジョウソウ、アシタグサ

採集時期●3〜6月
利用部位●若芽、若茎
食べ方●天ぷら、おひたし、和え物、炒め物、卵とじ

葉は、今年の株から摘むとやわらかい

「今日、葉を摘んでも、明日にはまた葉が出る」ほどの生命力があるというのが名前の由来。栽培品はスーパーなどでも手に入る。

【分布・環境】関東地方から紀伊半島の太平洋側、伊豆諸島、小笠原に分布する多年草で、海岸付近の草地に生える。

【採集・調理】新芽や若い葉を摘む。天ぷらが定番なのは、さわやかな香味がときとして強く感じられ、おひたしのようなあっさりしたものは、香りに負けてしまうこともあるため。近い仲間のハマウドと紛らわしいが、アシタバは切り口から黄色い汁、ハマウドは白い汁を出す。

ハマボウフウ

セリ科ハマボウフウ属
地方名＝ヤオヤボウフウ、ハマギイ

| 採集時期 ● 3～6月 |
| 利用部位 ● 若芽、若葉 |
| 食べ方 ● 天ぷら、和え物、サラダ（やわらかいもの） |

葉は、つやがあり厚く、地上に出ている茎は紫色

アシタバと同じセリ科の植物で、特有の香りがある。刺身のつま用に栽培品も出回っている。

【分布・環境】 全国に分布する多年草。砂地をはうように広がる。

【採集・調理】 砂に埋もれたような若芽ややわらかい若葉を摘む。ゆでて水にさらして食べるが、アクは少なく、生食もできる。添え物にされることが多いが、天ぷらや和え物、サラダなど、一品料理にも十分になる。みそ漬けにする人もいる。沖縄で「長命草」と呼ばれているのは仲間のボタンボウフウで、同じように味わうことができる。

小さな黄色い花

葉は三角形で
肉厚

ツルナ

ハマミズナ科ツルナ属
地方名＝ハマヂシャ

採集時期 ● ほぼ一年中
利用部位 ● 若葉
食べ方 ● サラダ、おひたし、炒め物

つるのような茎が、砂地をはって広がる

海外では野菜として食べられていて、ヨーロッパへはキャプテン・クックがニュージーランドから伝えたという。

【分布・環境】全国、どの海岸を歩いても見かける多年草。砂地をはうように茎を伸ばすが、環境が落ち着いている場所ではこんもり茂っていることもある。

【採集・調理】ほぼ一年中、採集できる。新しいきれいな葉を摘む。少し肉厚でザラザラした感じがあるが、食べごたえがある。ゆでたらすぐに水にさらし、水気をよく切って調理する。クセがなく、ほうれん草のような感覚でさまざまな料理に使える。

オカヒジキ

ヒユ科オカヒジキ属

砂浜をはって広がる。葉の先端はとがっている

採集時期●4〜6月
利用部位●若茎、若葉
食べ方●おひたし、和え物、サラダ

本物のヒジキは海藻だが、オカヒジキはヒユ科の植物。肉質で針状の葉が、ヒジキを思わせることが名前の由来。古くから栽培され、店頭でも見かける。

【分布・環境】 全国の砂浜に生える1年草。塩分と乾燥にさらされる浜辺に茎をはわせて広がり、深く根を下ろして育つ。

【採集・調理】 春から夏、新しく伸びた枝の先を摘む。アクはほとんどない。シャキシャキした歯ごたえが持ち味なので、サッとお湯に通す程度で十分。葉は、かすかに塩の味がするが強いクセはない。アイデア次第で、さまざまなものと取り合わせられる。

全体

ハマダイコン

アブラナ科ダイコン属
地方名＝ノダイコン、イソダイコン

葉は、
鳥の羽根を
思わせる

根の形は環境によって
さまざま

果実。さやえんどうのよう
に、さやごと利用する

白に紫色の交ざる花

採集時期●3〜5月
利用部位●葉、果実、根
食べ方●漬け物、和え物、炒め物

畑のダイコンが野生化したものといわれている。
【分布・環境】 全国に分布する2年草で、海岸の後背地の砂地
などに生え、春から初夏に、白から薄紅色の花を咲かせる。
【採集・調理】 早春、まだ花茎の伸びる前なら、根とやわらかい
葉を採集する。花が咲いた後の初夏は、若いできたての果実を摘
む。根は、かたくて食用にならないともいわれているが、浜辺から
離れた、砂より土の多い場所なら太く育ち、食用にも。根と葉は
細かくきざんで塩をふり、一夜漬けにする。若い果実は塩ゆでした
り、漬け物にしたりする。

食べてはいけない毒草4種

ハシリドコロ

ナス科ハシリドコロ属

毒

根茎

成長すると高さは
30〜60cmになる。
4〜5月に、葉のつけ根に
紫色の花がうつむいて咲く

間違えやすい時期●3〜4月
毒のある部位●全草(特に根茎)
中毒症状●幻覚、嘔吐、下痢、
血便、死亡例もある

間違って食べると非常に苦しく、同時に幻覚が現れて走り回ってしまう、というのが名前の由来という。早春に伸び出した若芽は、やわらかそうで、いかにもおいしく見えるらしい。何かの山菜に似ているわけでもないので、初心者が勝手な判断をして誤食してしまう代表ともいえる。

【分布・環境】本州から九州に分布する多年草で、山地の沢沿いなど湿った場所に生える。

【見分けのポイント】葉は互生し、全体に毛がなく、やわらかい。根茎は節があって太く、ごつごつしている。

熟すと黒紫色

実は、肉質化した花弁に包まれている

若い実は赤い

1本の枝に、15〜18対の葉が対生する

果実を下げた枝

毒

ドクウツギ

ドクウツギ科ドクウツギ属
地方名＝イチロベエゴロシ

間違えやすい時期●葉(新芽)：3〜4月／実：6〜9月
毒のある部位●全草(特に果実)
中毒症状●嘔吐、全身のけいれんから死に至る

全草が猛毒。特に注意が必要なのは、夏から秋にかけて実る果実で、誤食すると死に至る危険が高い。

【分布・環境】北海道と近畿地方以北の本州に分布する落葉低木。野山の日当たりのよい斜面、川原、草地などに生えている。

【見分けのポイント】葉は基部から3本の葉脈が走っていて、1本の枝に15〜18対が対生している。葉も、量によっては死に至ることがある。果実は肉質化した花弁に包まれていて、最初は紅色だが、熟すと黒紫色になる。口に含むと甘みがあるので、子どもが間違って口に入れないように気をつけたい。

テンナンショウ類 毒

サトイモ科テンナンショウ属

マムシグサ、ウラシマソウなどがある。

【分布・環境】丘陵から山地の薄暗い湿った林などに生える多年草。

【見分けのポイント】花穂が仏炎苞に包まれているのでわかりやすいが、実をタラの芽と間違えたり、赤い実を誤食したりする。球根を「サトイモ科だから」と食べて、中毒することもある。

> 間違えやすい時期●4〜11月
> 毒のある部位●全体
> 中毒症状●しびれ、痛み、腎機能障害

仏炎苞

マムシグサ。テンナンショウ類は数が多いが、おおむねこのような形

果実。熟す前は白っぽく、トウモロコシの粒と間違えることもある

クサノオウ 毒

ケシ科クサノオウ属

【分布・環境】北海道から九州の草地や道端などの日当たりに見られる越年草。

【見分けのポイント】茎を折ると出る黄色い汁が皮膚につくとかぶれる。誤食するとけいれんや呼吸困難を起こす。全体に縮れた毛が生えて白っぽく見えること、葉が羽状に裂けること、茎が中空なことが見分けのポイント。

> 間違えやすい時期●4〜5月
> 毒のある部位●全体
> 中毒症状●かぶれ、けいれん、呼吸困難

春に4弁の黄色い花を咲かせる

PART 2

山菜料理入門

手作りピザにコゴミをのせて

山菜を味わう

　食べられる野草は春夏秋冬あるけれど、春の山菜はことさらうれしい。春、萌え出した新しい緑を取り込むと、冬を過ごした体が生まれ変わるような気がする。

　山菜採りをしたときは、その場でほんの少し、かじってみてほしい。ウコギは苦み、ギボウシはぬめり、ユリの仲間はほのかな甘み……。なかには口中がアクでいっぱいになる山菜もある。でも、それは、その植物本来の味だ。

　調理は本来の味が生きるように、手をかけすぎないように。シンプルな料理というと、天ぷらやおひたしが定番だ。旬の味を封じ込める天ぷらは山菜の強い味を生かしつつ、油でまろやかになる。ゆでるだけのおひたしも自然そのものの味。ただ、いつも天ぷらとおひたしではつまらない。そんなときは動物性タンパク質と組み合わせると変化がつく。

コシアブラ
カタクリ
ヨモギ
ツクシ
タラノキ
ウド

ワラビ　チシマザサ　ミツバアケビ　ゼンマイ

オオバギボウシ

ウワバミソウ

ワサビ

ウバユリ

トリアシショウマ

アサツキ

ヤブカンゾウ

フキ　クサソテツ

ニリンソウ　フキノトウ

春のある日、1日でこんなにたくさんの山菜が採れた

生で味わう

山菜の魅力のひとつは、野生の植物にそなわっている力強さにある。あれこれ調理する前に、まず生で口にして、春の味を感じてみよう。

ウド

光に当てないで育てた栽培品が八百屋さんに並ぶが、日差しをたっぷり浴びて育った野生のウドの味は強さが違う。

作り方

①皮をむいて酢水にさらし、アクを抜く。

②みそをつけて食べる。

③スライスしてドレッシングをかければサラダに。むいた皮は捨てないできんぴらに。葉も炒めて食べられる。

ノビル

根を掘り上げ、薄皮を取ると、真っ白な鱗茎が姿を現わす。スパイシーでさわやかな味。

作り方

①よく洗って薄皮を取る。
②みそをつけて食べる。若葉はきざんで薬味に。全草をさっとゆがき、ぬたや和え物にしてもおいしい。

イタドリ

野山を歩いて疲れたときは、イタドリをかじる。酸っぱくて汁気を含んだイタドリがのどを潤し、元気も回復。ただし、シュウ酸が多いので食べすぎは控えよう。

作り方

①若いイタドリを選んで皮をむく。
②そのままかじる。

天ぷら

山菜料理は天ぷらに始まって天ぷらに終わるという。
揚げることでアクが抜けるので、アク抜きの必要がなく、
採集してすぐに食べられる。

カキドオシ

イタドリの葉

タンポポの葉

タンポポの花

作り方

①山菜は洗って、キッチンペーパーにそっとはさんで余分な水気を取る。

②衣にくぐらせて、低温でじっくり揚げる。時間をかけて揚げることで植物の水分が飛び、揚げたあと、時間がたってもくたっとならない。

ツクシ　ヨモギ

ハリギリ

カキドオシ。ありふれた雑草だが、独特の香気がある

天ぷらなら少量でも満足感が得られるし、少量しか食べなければ万が一、毒のある植物を誤って口にしてしまっても大事に至りにくい。また、少量だけ採ればいいので、自然に与えるダメージも少ない

サラダ

手軽にできて、パンやパスタにも合うサラダ。山菜の味も存分に味わえる。冷えていると味がわかりづらいので、冷蔵庫に入れすぎないようにする。

タネツケバナのサラダ

タネツケバナは、ピリリとした辛みのある野草。アク抜きの必要がなく、クレソンと同じような感覚で使うことができる。白い花がアクセントになる。

作り方

①タネツケバナはよく洗い、ざるに上げて水気を切る。

②炒めたハムと和える。

③レモンを添えてできあがり。花も食べられる。

イヌドウナ　　　ギョウジャニンニク

ウワバミソウ　　　ギボウシ　　　ユキザサ

山菜5種類サラダ

ゆでた山菜を盛り合わせ、オリーブオイルと塩をふる。ナチュラルチーズを散らして、できあがり。塩は岩塩を使うとうまみが増す。

作り方

①山菜はさっとゆでて、ざるに上げる。キッチンペーパーに優しくはさんで余分な水気を取り除き、食べやすい大きさに切って盛る。

③オリーブオイル、塩、こしょうをふる。好みでレモンを絞っても。

④ナチュラルチーズも盛りつけて完成。

おひたし

ワラビのように本格的なアク抜きが必要なものもあるけれど、多くは、ゆでることでアクが抜ける。しょうゆ、かつお節など、味つけはお好みで。酢みそで和えれば、ぬたにも変身。

カンゾウのぬた

カンゾウはシャキシャキ感とぬめりが味わえる。アオヤギを添えたら彩りもよく、華やかな一品に。土中に深く植わっているものを選んで採集すると食べられる部分が多い。

作り方

①かたくて食べられない部分はハサミで落とす。

②沸騰した湯にさっとくぐらせ、すぐに水にとって余熱がまわらないようにする。余分な水気はキッチンペーパーに吸わせる。

③皿に盛り、酢みそで食べる。

おひたし3種

作り方

①ウシハコベとクサソテツ（コゴミ）はひとつまみの塩を入れた湯を沸騰させ、さっとゆでる。ワラビは重曹でアクを抜き（→p.16）、もう一度、さっとゆでる。

②ウシハコベはほうれん草と同じ要領で、手で絞って水気を切る。ワラビとクサソテツはざるに上げ、水気を切る。

③食べやすい長さに切って盛りつける。

ウシハコベのおひたし

コゴミのマヨネーズ

ワラビのおひたし

和え物

おひたしに、ひと手間かければ和え物に。たれを全体的にからめるので、味はおひたしよりも濃厚になり、食べたときの満足感はさらに高い。

ハリギリのごま和え

ハリギリはタラノキほど有名ではないけれど、同じように使える山菜。芯が太いほうが食べごたえがあり、かみしめるたびにほろ苦さを感じる。ここでは白ごまと白みそで和えてみた。

作り方

①ハリギリをさっとゆでてアクを抜く。

②すり鉢で白ごまをすり、さらに白みそ、みりん、砂糖を加えて、さらにすり混ぜる。

③ハリギリを入れて和える。

セリの黒ごま和え

水辺に生えたやわらかい
ものを和え物に。独特な
香気とともに味わう。

作り方

①塩をひとつまみ入れた
湯で、さっとゆで、水に
とる。ぎゅっと絞ってから
食べやすい長さに切る。
②すり鉢で黒ごまをす
り、砂糖としょうゆを加え
て、さらにすり混ぜる。
③セリを入れて和える。

アケビのからし和え

春の里山ではアケビの芽が
伸び盛り。あっちにもこっち
にも出ているやわらかい芽
は、オカヒジキのような食感。

作り方

①アケビの芽をゆでる。
②粉がらしを水としょうゆで
溶き、①を和える。

きんぴら、ふきみそ

油で炒め、しょうゆと砂糖で甘辛くしたきんぴらは、みんなが好きな日本の味。ふきみそも、濃いめの味つけに負けない山菜の強い香りが食欲をそそる。

ウドのきんぴら

きんぴらにするのは緑色の皮の部分。皮は日に当たってかたくなっているが、油で炒めれば食べやすくなる。栽培されている白いウドよりも、青いフレッシュな香りが魅力。

作り方

①ウドの皮をむき、短冊に切る。

②フライパンに油を入れて熱し、ウドを炒める。しんなりしてきたら、しょうゆと砂糖で味つけをする。辛いのが好みなら、ウドと一緒に唐辛子も入れて炒める。味がなじんだらできあがり。

地下のタンポポの根。スコップで掘って収穫する。掘った穴は必ず埋め戻しておくこと

タンポポのきんぴら

タンポポは地中に長く、太い根を伸ばしている。この根を掘って、ごぼうのようにきざんできんぴらにする。苦みと歯ごたえが味わえる。

作り方

①タンポポの根は皮をむき、細長く切る。ウドと違って、タンポポは皮を使わない。

②ウドと同じように調理する。

ふきみそ

保存も利く山菜料理の定番。ひき肉を加えると、ボリュームのあるおかずにもなる。

作り方

①フキノトウを粗いみじん切りにする。アクが気になるときは、縦にふたつに切り、しばらく水にさらす。

②鍋に少量の油を入れ、みそ、砂糖、酒を合わせて練り上げる。砂糖は好みで加減する。酒が多いとゆるめのしあがりになる。

③②に①を入れて混ぜ合わせる。数分加熱したら火から下ろす。

ソテー

個性の強い山菜は、油との相性が抜群。好きな山菜をフライパンに入れてジャッと炒め、塩やしょうゆで味つけすれば、おかずが一品できあがり！

ムラサキシメジ

カラスノエンドウの炒め物

花が終わると実る果実は、スナップエンドウのミニチュア。やわらかな果実を採集し、炒めて食べてみよう。写真では塩蔵しておいたムラサキシメジ（p.142）をいっしょに炒めたが、シイタケやソーセージなど、取り合わせるものはお好みで。

作り方
①フライパンに油をひいて、カラスノエンドウなどを入れて炒める。
②塩、こしょうで味を調える。

スギナの炒め物

ツクシの親のスギナも山菜として活用できる。まだ若い、やわらかい
スギナを摘んで炒めれば、苦みのある箸休めに。

作り方

①スギナはゆでて水にさらし、ざるに上げて水気を切る。

②フライパンに油を入れて炒め、しょうゆを回しかけて味をつける。

アザミの炒め物

唐辛子で味にアクセントをつ
ければ、酒のつまみにも。

作り方

①太いアザミの茎をゆでて
皮をむく。

②水気を切って油で炒め、
酒、しょうゆを回しかける。

ご飯物

炊き込んだり混ぜ込んだりするだけで、いつものご飯がごちそうに変身。何杯もおかわりしたくなるから、いつもより多めにご飯を炊いて。

タケノコご飯

採れたてのやわらかでアクの少ないタケノコで炊き込みご飯。混ぜ込んだしょうがの浅漬けが、味のアクセントに。

作り方

①タケノコはやわらかくゆで、短冊に切る。

②米を炊飯器に入れて、①をのせ、分量のだし汁と、塩を少々入れる。

③炊き上がったご飯を蒸らし、しょうがの浅漬けをきざんだものを、漬け汁とともにざっくりと混ぜ、ミツバを添える。

ウコギの葉。ゆでて粗くきざみ、軽く塩味をつけた炊きたてのご飯に混ぜるだけでもおいしい

ウコギ飯

ウコギの香りがさわやかなご飯。苦みが強いウコギも、油揚げやシイタケが入ることで、ほどよい味わいに。

作り方

①摘んできたウコギの根元の黒っぽい皮を取り除き、水にさらしてアクを抜き、ゆでてきざむ。

②油揚げ、シイタケを細く切り、①とともに鍋に入れ、しょうゆとだし汁で調味する。余分な水分を切って、炊いたご飯に混ぜる。

ツクシとクコの混ぜ寿司

ご飯の間にツクシが見え隠れする混ぜ寿司。
しょうゆで下味をつけたツクシのシャキシャキ
した歯ごたえが楽しい一品。

作り方

①ツクシは、はかまを取る。飾り用の数本を
残して頭部も取り、水にさらしてから、さっとゆ
がき、キッチンペーパーでそっと水気を取る。
③フライパンに油を入れ、ツクシを炒める。
④クコはゆでて、粗くきざむ。塩を少々ふっ
て下味をつける。
⑤酢飯にツクシとクコをざっくりと混ぜ、スミレ
の花を飾る。

ツクシ。丸ごと使うな
ら、若くて頭部が開い
ていないものを摘む

100

ギョウジャニンニクのおにぎり

しょうゆ漬け (p.21) にしたギョウジャニンニクの香りが食欲をそそる。

作り方

①しょうゆ漬けにしたギョウジャニンニクの葉を粗いみじん切りにする。

②炊きたてのご飯をボウルにあけ、①とざっくり混ぜておにぎりにする。

ギョウジャニンニク。しょうゆ漬けにした葉をきざまずに、広げてご飯を包んだおにぎりも美味

汁物

おひたしになる山菜なら、汁物の具としても合格。ただし、香りの強いものは少し量を控えめに。みそベースの汁には、みそとなじみのよいマイルドな具が向く。

ネマガリタケの皮のむき方

皮を上手にむくと先端まできれいな形でタケノコを取り出せる。

① タケノコを逆さに持ち、根元から先端に向けて皮に包丁を入れる

② まず、根元近くの皮を2枚くらいはがしておく

③ 先端部は、包丁の切れ目に親指を入れて、左右に皮を開く

④ タケノコを引き抜く

ネマガリタケの汁物

新潟の妙高高原の旅館で教わった郷土料理。ウドやジャガイモなども入っているが、なかでもサバの缶詰が隠し味になっている。

作り方

①鍋に皮をむいたネマガリタケを入れて、水からゆでる。

②ウドは乱切りにして酢水にさらす。じゃがいもは乱切りに、玉ねぎはざく切りにしておく。

③豚のバラスライスは4cm幅に切っておく。

④①に②を入れ、煮立ったら③を入れる。さらにサバの缶詰とみそを入れる。

⑤みそが溶けたら溶き卵を流し入れる。

103

焼き物

焼き物に向くのは採れたてのネマガリタケのようなアクの少ない山菜。時間がたつと、だんだんアクが強くなるので、アウトドアでさっとあぶって食べても。

川魚とともに直火で

ホイルに包んで

ネマガリタケの焼き物

ネマガリタケはチシマザサのタケノコのこと。暖地で一般的なマダケやモウソウチクにくらべると格段に細いが、繊細なおいしさが味わえる。採れたてを直火で焼いたものはほんのりと甘く、トウモロコシのような風味がある。

作り方

①皮がついたままホイルに包んだり、網にのせたりして直火で焼く。

②全体にしんなりし、タケノコのよい香りがただよってきたらできあがり。みそや塩などで。

ネマガリタケのメニューいろいろ

たんぱくなネマガリタケは、いろいろな料理法ができる食材。下処理をして保存しておけば、いつでも使えて便利（p.18）。

卵とじ
しょうゆで味をつけただし汁少々にネマガリタケを入れて、溶き卵を流し入れる

ゆでタケノコ
皮ごとゆでて、みそやマヨネーズで。ゆでる前に、p.103の①のように皮に包丁を入れておくと便利

煮物
野菜の煮物の具に使っても。煮込む前に、具を油で炒めるとコクが出る

煮びたし

ちょっと汁っぽいものが食べたいときに、おすすめなのが煮びたし。しょうゆは控えて薄味にする代わり、だしはしっかり濃いめに。煮込まず、手早くさっと作るのがコツ。

*右の2本は火を通す前の生のもの

イタドリの煮びたし

イタドリは生で食べると酸っぱいが、だしで煮ると酸味が和らぎ、さっぱりとした一品になる。

作り方

①イタドリの皮をむいてゆで、水にさらし、食べやすい長さに切る。

②鍋に少量の油を入れて炒める。

③油が回ったら、だし汁としょうゆを入れて、味がなじむまで煮る。

ノコンギクの煮びたし

ノコンギクは苦みのある山菜で、葉には毛が生えている。汁っぽい料理だと葉の毛も気にならず、苦みもほどよく感じる。

作り方

①塩をひとつまみ入れた湯でノコンギクをゆで、水にさらし、手で絞って水気を切る。

②油をひいた鍋で①と細めに切った油揚げを一緒に炒める。

③水気が飛んだら、だし汁を少し入れ、砂糖、しょうゆ、酒でしあげる。

ノコンギク。利用するのは花をつける前の若葉のころのもの

草団子

春の訪れとともに食べたくなるのが草団子。プンと香るヨモギのにおいは春そのもの！ どこにでも生えているから、散歩のついでに摘んで帰れば、すぐお団子に。

手に水をつけて、食べやすい大きさに丸めればできあがり。砂糖を入れたきな粉をかけたり、あんこをつけたり、お好みで

ヨモギの草団子

草団子は上新粉を使う方法がよく知られているが、ここでは餅米を使う作り方を紹介。餅米を蒸すのではなく、炊飯器で炊くので、とっても簡単。

作り方

① ヨモギはゆでて水にさらし、水気を絞ったものを、包丁でたたいて細かくきざむ

② すり鉢に入れてすりこぎでなめらかになるまですり、十分に繊維をほぐす

取り出しておく

③ ヨモギを取り出し、今度は炊いた餅米をすり鉢に入れる

④ すりこぎで餅米をつぶし、ざっとつぶれたら、すったヨモギを戻してまとめていく

お茶

山菜を乾燥させればお茶にも。ドクダミやスギナなど、お茶になる山菜はほかにもあるので試してみよう。

黄色っぽくなり、香りが立ったらできあがり

クマザサ茶

クマザサの葉を煮出してお茶にしたら、清涼感のあるジャパニーズハーブティーに。

作り方

1 クマザサを洗って、ざくざくとハサミで切る

2 鍋で葉をから煎りし、水を入れて煮出す

110

PART 3

きのこ採り入門

晩秋の一日、落ち葉をかきわけながらきのこ探し

きのこのフィールド

*私有地には無断で立ち入らず、必ず所有者の許可を得てください。

樹木に注目して探そう

きのこは「木の子」とも書くように、樹木と関係が深い。採りたいきのこがあったら、そのきのこが好む樹種や、生えやすい林をまず図鑑で調べよう。

また、きのこが生える場所は、その暮らしぶりから判断できる。きのこは栄養のとり方で「腐生菌」と「菌根菌」に大別できる。枯れた木や倒木、落ち葉などを分解して栄養を吸収しているのが腐生菌、生きた樹木と栄養のやりとりをしているのが菌根菌だ。なお、菌根菌の共生相手は、ブナ科、マツ科、カバノキ科の樹木が多い。そのことを覚えておくと、探す場所が自ずと絞られる。

きのこの性質と発生場所

地面からは菌根菌が生えるほか、地中の埋もれた材や堆肥のような有機物から腐生菌が生える。落ち葉の上には、主に落ち葉を分解する腐生菌が生える。切り株・倒木・枯れ木、または生きている樹木の枯死部分などからは、腐生菌の中でも特に材を専門に分解するものが生える。切り株や倒木などを重点的に見ていくと、そのような材を分解するきのこを見つけやすく、初心者でも成果が上がりやすい。

*p.114～120のきのこは、本書のきのこ図鑑の種を中心に掲載しています。

切り株や倒木には、材を分解する腐生菌が生える。写真はムキタケ

人家の近く

　山などにくらべれば自然度は低いが、公園、畑、道端、竹林、人家の庭などには、道にまかれたチップや、道路脇に積まれた堆肥など、腐生菌が生えやすい環境があちこちにある。耕作地の周辺では有機質が地中に埋もれていることもあり、そのような場所からもきのこが生える。菌根菌のハルシメジ類は、ウメ、サクラ、リンゴなどバラ科の樹下に発生する。

主なきのこ

菌根菌／注ハルシメジ類

腐生菌／ヒラタケ、ハタケシメジ、オオイチョウタケ、エノキタケ、注ナラタケ、注カラカサタケ、毒オオシロカラカサタケ、ササクレヒトヨタケ、キヌガサタケ、キクラゲ、アラゲキクラゲ、アミガサタケ、トガリアミガサタケ

ハルシメジ　　　　　　　ハタケシメジ

神社の境内にトガリアミガサタケが生えていた

シイ・カシ林

　シイやカシはブナ科の常緑広葉樹で、葉が厚く光沢があることから照葉樹とも呼ばれる。北関東以西の海岸から低山に多く、身近な所では、神社の「鎮守の森」がシイ・カシ林であることもある。菌根菌の共生相手となるスダジイ、シラカシ、マテバシイなどが生えていて、ムラサキヤマドリタケやアカヤマドリのようなイグチ類が見られるほか、コナラ林やミズナラ林と共通するウラベニホテイシメジのようなきのこも多い。

> **主なきのこ**
> 菌根菌／タマゴタケ、🔴ドクツルタケ、ウラベニホテイシメジ、🔴クサウラベニタケ、ムラサキヤマドリタケ、アカヤマドリ
> 腐生菌／シイタケ

ムラサキヤマドリタケ　　ウラベニホテイシメジ

シイ・カシ林は厚い葉が日射しをさえぎり、林内は薄暗いことも多い

里山

　人家の裏山の雑木林は、ガスや電気がなかった時代、薪や堆肥を調達するために使っていた場所。手近で、さまざまなきのこを見つけることができる。雑木林に見られるコナラ（ブナ科）やアカマツ（マツ科）は、どちらも菌根菌の共生相手でもあり、美味で知られるタマゴタケやヤマドリタケモドキ、コウタケなどが見られる。

主なきのこ

菌根菌／マツタケ、シモフリシメジ、🈲カキシメジ、タマゴタケ、🈲テングタケ、🈲ドクツルタケ、ウラベニホテイシメジ、🈲クサウラベニタケ、アカヤマドリ、ヤマドリタケモドキ、ムラサキヤマドリタケ、チチタケ、ハツタケ、🈟カノシタ、🈟コウタケ、クロカワ
腐生菌／ヒラタケ、ウスヒラタケ、🈟ナラタケ、エノキタケ、ムラサキシメジ、🈟クリタケ、ナメコ、マイタケ、キクラゲ、アラゲキクラゲ

ヤマドリタケモドキ　　タマゴタケ

コナラが生える里山の風景。繰り返し訪れたい

ブナ・ミズナラ林

　東北地方に広範囲に広がるブナ（ブナ科）やミズナラ（ブナ科）を中心とする林。西日本では標高1000m前後で見られる。北方に分布するきのこが発生するが、タマゴタケのような里山と共通のきのこも多い。ムキタケやナメコなど、ブナの材から生える腐生菌は多く、菌根菌もさまざまなものが見られる。

タモギタケ

ムキタケ

主なきのこ

菌根菌／ **菌** カキシメジ、タマゴタケ、 **菌** クサウラベニタケ、ヤマドリタケモドキ、アカヤマドリ、チチタケ、 **注** カノシタ

腐生菌／タモギタケ、ムキタケ、 **注** ムラサキシメジ、 **菌** ツキヨタケ、ナメコ、ヌメリスギタケモドキ、 **菌** オオワライタケ、マイタケ

ブナは大木になり、倒木にはさまざまなきのこが生える

カンバ林

　シラカバ（カバノキ科）は東日本から北海道に見られる高原の樹木。日当たりを好み、山火事などでできた森の中の空き地に真っ先に侵入し、林をつくる。もっと標高が高い所では、同じカバノキ科のダケカンバに替わる。

　カンバ林といえば、毒きのこのベニテングタケが生えることで有名だが、食用となるオオツガタケやヤマドリタケモドキなどが生える。

> **主なきのこ**
> 菌根菌／**⊕カキシメジ**、**⊝**
> ベニテングタケ、ヤマイグチ、キンチャヤマイグチ、ヤマドリタケモドキ
> 腐生菌／カンバタケ（硬質菌で食用には向かない）

ヤマドリタケモドキ　　　　ベニテングタケ

ベニテングタケの生えるシラカバ林

モミ・ツガ林、カラマツ林

　モミ（マツ科）やコメツガ（マツ科）は西日本では深山の針葉樹だが、北海道では低地から広がっている。モミ林ではアカモミタケ、クロカワが、コメツガ林ではオオツガタケのほか、マツタケも期待できる。カラマツ（マツ科）は落葉する針葉樹で、人気の高いハナイグチが生える。ハナビラタケは、カラマツ林でもモミ林でも見られる。

主なきのこ（モミ・コメツガ林）
菌根菌／シモフリシメジ、マツタケ、タマゴタケ、🈲イボテングタケ、🈲ドクツルタケ、オオツガタケ、ショウゲンジ、🈲ドクヤマドリ、アカモミタケ、🈲カノシタ、クロカワ
腐生菌／ハナビラタケ、🈲シャグマアミガサタケ

主なきのこ（カラマツ林）
菌根菌／ハナイグチ
腐生菌／ハナビラタケ

ハナビラタケ　　　　ハナイグチ

コメツガ林にはマツタケも生える

海岸

　防風のため、海岸沿いに植林されたクロマツ（マツ科）の林が、きのこを探す絶好のフィールドとなる。海辺は乾燥しやすく、きのこの発生が多いときと少ないときの差が激しい。しかし、特に樹齢の若いクロマツには、ハツタケやショウロなどが発生する。

> **主なきのこ**
> 菌根菌／🔴カキシメジ、ハマシメジ、アミタケ、ハツタケ、ショウロ、🔴ニセショウロ

ショウロ

ハツタケ

植林されて年数のたっていない若いマツ林がきのこ探しに向く

120

きのこの採り方・持ち帰り方

ハサミやナイフが便利

　きのこは手で採っても、ハサミやナイフなどを使って採ってもよい。ただし、あとで調理することを考えると、ハサミやナイフを使ったほうが、汚れの原因となる泥を最初から排除でき、きのこをきれいな状態で持ち帰ることができる。

ハサミで採る

高い所のきのこ

手が届かない木の上の方に生えたきのこは、柄の長い鎌などを使って落とす。下で受け止める網もあると便利

ナイフで採る

持ち帰り方

　泥汚れやゴミなどは、現地でざっと落としていくと泥汚れが広がらず、きれいな状態で持ち帰れる。採集したら、柄の泥やゴミは石突きごとナイフで落とす。傘についた汚れはブラシや筆で払い落とす。粘性のあるきのこに落ち葉や汚れがはりついているときは、ぬらしたティッシュペーパーなどで湿り気を与えながら取り除く。虫がついているものは虫の部分を切り落とすか、あきらめて捨ててしまおう。

　採ったきのこは新聞紙などで種類ごとに分け、通気性のよいかごなどで持ち帰ると傷みが少ない。ただし、粘性のある小型のきのこはビニール袋などで持ち帰り、帰宅後にまとめて処理するほうが効率がよい。

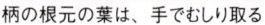
柄の根元の葉は、手でむしり取る

＊持ち帰り方については、p.208の「山岡シェフに聞く!　きのこの持ち帰り方・保存法」も参照。

122

石突きは汚れのついた部分ごと、ナイフで落とす

なるべく種類ごとにまとめ、通気性のよい状態で持ち帰る

こんな工夫も

ザックの中にかごを入れると、きのこをつぶさないで持ち帰ることができる

食べる前の処理

　きのこが水っぽくなるので、水洗いはしない。汚れが軽く、虫もついていないものは、かたく絞ったふきんなどで拭けば十分。汚れがひどいときは流水で洗い、洗った後はキッチンペーパーなどで余分な水気をざっと取り、ざるなどに広げて乾かし、きのこに含まれる水分が採集したときと同じくらいになるまで待ってから調理する。

　中に虫がいるような虫食いのあるきのこは、しばらく水につけて虫出しをしてから、上記と同じように水気をとばして使う。

　イグチ類の管孔部分に特に虫が入っていたり、傷んでいたりする場合は、管孔を取り除いて調理する。

調理用に処理したハナイグチ。傘に粘性があるきのこは、傘を少し湿らせてから、かたく絞ったふきんでぬぐうと泥汚れが落ちやすい

124

きのこを保存する

　山菜と同じで、きのこも採りすぎないのが原則だ。しかし、思わぬ収穫に恵まれたときは新鮮なうちに保存処理をしよう。

乾燥

　干しシイタケでおなじみの保存方法だ。海外のものではポルチーニ（ヤマドリタケ）の乾燥品がある。乾燥させると独特のうまみが出て、生鮮品よりおいしくなることがある。

　簡単で失敗のないのは天日干しだ。大きめの平らなざるに、重ならないようにきのこを広げ、風通しのよい場所で天日にさらす。ときどき裏返しながら、数日かけて自然に乾かしていく。

　きのこに湿気が残ると保存中にカビが生えてくるので、完全に乾かすことがポイント。大きめのきのこの場合は、乾きやすいようにいくかに切ったり、スライスしたりする。針金やたこ糸に通して、風通しのよい場所に吊してもいい。

針金に通して乾燥させているアミガサタケ

冷凍・水煮

　冷凍するときは、きのこをさっとゆで、フリーザー用のビニール袋に入れ、ゆで汁も少し加えて冷凍庫へ。解凍するときは袋のまま水に浸ける。汁物や鍋物なら、凍ったままのきのこを入れて調理できる。

　水煮は p.18 の山菜の瓶詰めと同様に、滅菌処理をすると長期の保存が可能になる。

塩漬けなど

　塩漬けは、きのこをさっとゆでて水を切り、塩と交互に重ねて重石をする。きのこが少ないときは、瓶などに水を張り、溶けるだけの塩を溶かした飽和食塩水を作り、その中にゆでたきのこを入れてふたをする。かなり塩分がきつので、使うときは流水にさらして塩出しをする。

　みそや粕、しょうゆ、オリーブオイルなどに漬けても保存できる。

きのこの瓶詰め。左からホンシメジ、オオツガタケ、ブナハリタケ、オオイチョウタケ

126

きのこの部位の名称

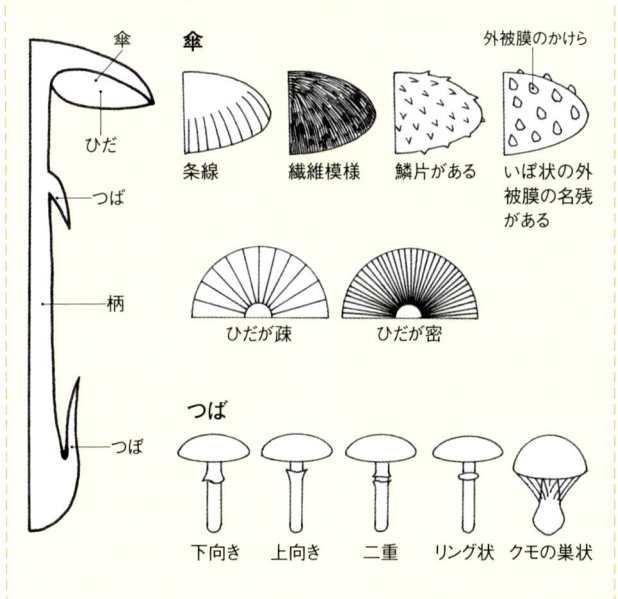

傘

条線　繊維模様　鱗片がある　いぼ状の外被膜の名残がある（外被膜のかけら）

ひだが疎　ひだが密

つば

下向き　上向き　二重　リング状　クモの巣状

柄の表面

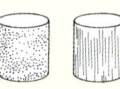

だんだら模様　粒点状　繊維状　ささくれ状　網目状　あばたがある

つぼの形

袋状のつぼ　浅いつぼ　環状のつぼの名残　粉状のつぼの名残

イラスト＝松本靖恵

きのこ図鑑

Step1　人家の近く
食べられる9種＋毒3種

ハタケシメジ

シメジ科シメジ属
地方名＝ハタケセンボン、
ニワシメジ、ヤブシメジ

食

粉を吹いたような模様

都会なら植え込みの下などにも多い

- 採集時期●春、秋
- 発生場所●畑、道端など
- 食べ方●炒め物、煮物、マリネ

身近に生える優秀な食用菌。最近、栽培品も出回っている。

【環境】公園や林道脇の地上に生える腐生菌。1本ずつ生えることもあれば、株状に生えることもある。

【採集・調理】粉を吹いたような傘をもち、ひだは白色で密。有毒のカキシメジ（p.129）は古くなるとひだに赤いしみができる。また、同じく有毒のクサウラベニタケ（p.145）のひだはピンク色をしている。秋に1回だけ発生すると思われているが、梅雨の前後にも発生することが多い。ほんのりとした独特の風味があり、特に油炒めにすると、シャキシャキした食感が抜群。

カキシメジ

キシメジ科キシメジ属
地方名＝マツシメジ

毒

少し古くなると
ひだに赤いし
みができる

群生したカキシメジ

発生時期●秋
発生場所●雑木林、マツ林など
中毒症状●嘔吐、腹痛、下痢

地味でいかにも無害に見えるが、中毒事故の多い毒きのこ。
【環境】 雑木林やマツ林に生える菌根菌。1本ずつ生え、群生することもあるが株状にはならない。ちょうどシイタケくらいの大きさで、シイタケと間違える中毒事故も多い。
【見分けのポイント】 ひだは若いときは白いが、少し古くなると赤いしみができる。傘は湿っていると粘性がある。乾いているときは、少し湿らせて、ぺとぺとするか調べてみよう。肉は白色だが、傷をつけると部分によっては赤っぽく変色することがある。嘔吐には頭痛をともなう。

129

傘に繊維模様があり、ふちが波打つ

柄は繊維状

ウメハルシメジ

柄は中実

注 ハルシメジ類

イッポンシメジ科イッポンシメジ属
地方名＝シメジモドキ、リンゴモタ
シ、ウメノキシメジ

ウメハルシメジ。発生から時間がたつと傘は大きく波打つ

採集時期●春
発生場所●バラ科の樹木の近く
食べ方●炒め物、汁物、天ぷら

●毒きのこのクサウラベニタケ（p.145）と混同しないように注意

きのこの少ない時期のきのこ。ただし、生食すると中毒する。

【環境】　春、ウメなどのバラ科の樹木の周辺の地面に生える菌根菌。ウメに生えるものが食用とされてきた。

【採集・調理】　ひだは胞子が成熟するとピンク色になる。ハルシメジ類は数種あり、ウメ、モモ、ナシの近くに発生するウメハルシメジは割合に大型・肉厚で、肉は傷つけると赤褐色に変色する。歯ごたえはシャキッとしていて、ソテー、スープ、天ぷらに向く。ノイバラやサクラの近くに発生するノイバラハルシメジは、より小型、肉質はやわらかめで、佃煮や汁物に向く。

ササクレヒトヨタケ

ハラタケ科ササクレヒトヨタケ属
地方名＝ギョウレツモタシ、アミガサコゾウ

胞子が熟すと、すぐにひだが溶け始める

採集時期●春〜秋
発生場所●庭、畑など
食べ方●炒め物、シチュー

傘を開かない若いうちが食べごろ

傘表面がささくれていて、胞子が成熟すると、ひだが溶けてなくなっていくきのこ。
【環境】 夏から秋、公園や道端の地上に群生する腐生菌。
【採集・調理】 白色で、傘にささくれ状鱗片があり、柄にリング状のつばをもつ。若くて肉質のしっかりした個体を選んでソテーにすると格別の味わい。シチューなどの洋風料理にも合う。胞子が成熟してひだの黒ずんだものは料理に向かない。若い個体でも、長く保存しているとにおいが出てくるので、採集後はなるべく速やかに料理する。

傘は表皮が割れて
鱗片状

注 カラカサタケ

ハラタケ科カラカサタケ属
地方名＝カラカサモタシ、ニンギリコ、
ニギリタケ、ツルタケ

つばがある

ひだは白

柄は赤褐色の
鱗片でおおわれ、
内部は中空

森の中というよりも、開けた草原な
どに多いイメージ

採集時期●夏～秋
発生場所●雑木林、竹やぶ、草地
食べ方●フライ、煮込み

背の高い大型のきのこ。傘はふわふわとしていて弾力があり、傘を
握りつぶして持ち帰ったので別名を「ニギリタケ」という。
【環境】標高の高い所に比較的多く、平地では近縁で、つばが
膜状のマントカラカサタケを見かける。林道脇や草地に1本だけ生
えたり、ぱらぱらと数本生えたりする大型の腐生菌。
【採集・調理】傘は大きさのわりにボリュームがなく、汁物にすると
かさが減り、存在感がなくなる。フライなどにすると大きさが楽しめ
る。ただし、生食すると中毒を起こす。また、毒きのこのオオシロ
カラカサタケ（p.133）と誤食しないように注意する。

オオシロカラカサタケ

ハラタケ科オオシロカラカサタケ属

毒

胞子が熟すと、
白いひだが緑
に染まる

発生時期●夏〜秋
発生場所●公園の芝生、草地、
落ち葉のたまった所
中毒症状●嘔吐、下痢、腹痛

農耕地のかたわらに積まれた、稲わらをお
しのけて生えてきた

もともとは熱帯から亜熱帯のきのこ。日本でも気候が温暖な地方で
見られるが、北上の傾向がある。

【環境】春から秋に、公園の芝生、草地、落ち葉のたまった所な
どに大きな傘を広げて群生する。山奥では見られず、人が生活し
ているような場所に生える腐生菌。

【見分けのポイント】ひだは、初めのうちは白色だが、胞子が成
熟すると緑色を帯びるのが特徴。一見、カラカサタケ（p.132）のよ
うに見えるが、カラカサタケのひだは白色のままで緑色を帯びること
はない。嘔吐、下痢、腹痛などの激しい胃腸系の中毒を起こす。

133

ホコリタケ（キツネノチャブクロ）

ハラタケ科ホコリタケ属

上から見下ろすと、丸い塊のように見える

表皮に円錐状の突起がある

未成熟の状態の断面。このくらいが食べごろ

採集時期●夏〜秋
発生場所●雑木林、草地など
食べ方●焼き物、汁物、フライ

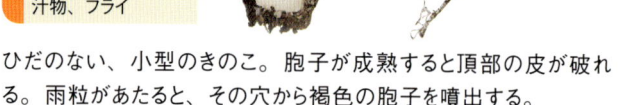

ひだのない、小型のきのこ。胞子が成熟すると頂部の皮が破れる。雨粒があたると、その穴から褐色の胞子を噴出する。

【環境】夏から秋、さまざまな林の地上に発生する腐生菌。

【採集・調理】未成熟で肉がまだ白色のものを食べる。頂部に穴がなく、つまんだとき、全体にしっかりした感じがあれば未成熟の可能性が高い。食用目的のときは柄の根元付近をカッターなどで切りとって採集するが、そのとき断面が白色なら確実。皮をむいて料理に使う。焼くと、きのこらしい濃い香りがする。お吸い物など、汁物に浮かせてもよい。

ナラタケ

タマバリタケ科ナラタケ属
地方名＝モダシ、ボリボリ、ヤブタケ、アシナガ

採集時期●春～秋
発生場所●雑木林など
食べ方●汁物、煮物、炒め物

柄につばがある

腐生菌で、切り株などに多い

ごくふつうに生えていて、昔から各地でポピュラーなきのこ。

【環境】 春から秋、主に広葉樹の材に発生する腐生菌で、公園から深山まで至る所で見られる。

【採集・調理】 きのこらしいしっかりとした風味があり、傘のぬめりと柄のボリボリとした歯ごたえが絶妙。特に汁物や鍋物の具に最適。火を通すと黒ずむが、生で食べると中毒を起こすので必ず加熱する。ナラタケの仲間はキツブナラタケ、オニナラタケ、ナラタケモドキなどがあり、いずれも食べられるが、加熱調理しないと中毒するほか、過食でも消化不良を起こす。

135

キヌガサタケ

スッポンタケ科キヌガサタケ属

食

幼菌はやわらかい卵のよう

レース状のマントは優美
だが、頭部はグレバとい
う臭い粘液でおおわれる

採集時期●梅雨時、秋
発生場所●竹林
食べ方●汁物、酢の物、
ピクルス

「きのこの女王」と呼ばれる優美な姿のきのこ。

【環境】梅雨時と秋に、竹林の地上に発生する腐生菌。

【採集・調理】白色の卵状の幼菌から、胞子を含んだグレバと呼ばれる粘液のついた頭部を伸ばし、続いてレース状のマントを広げる。成長は速く、2〜3時間で完全な姿になる。頭部は臭いので切り落とし、マントと柄の部分を料理に使う。柄はシャリシャリとした食感があり、ほかのきのこにはない味わい。中華料理の高級食材にもなっていて乾燥品も出回っているが、生鮮品のほうが数段おいしい。

毛が生えた面が白っぽい

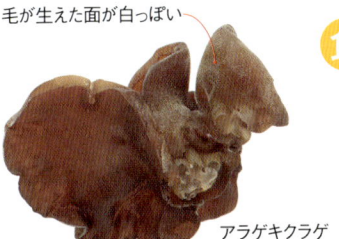

アラゲキクラゲ

キクラゲ類

キクラゲ科キクラゲ属
地方名＝ミミキノコ、コリコリ、
ヤマクラゲ

採集時期●春～秋
発生場所●広葉樹林
食べ方●炒め物、スープ、
酢の物、和え物

切り株に生えたキクラゲ。公園の木製のベンチや、
生きている木の枯死した部分にも生える

ゼラチン質で乾くと縮むが、水分を吸収すると元に戻る、乾物としても出回っているきのこ。

【環境】春から秋、広葉樹の枯れ木や枯死した部分に発生する腐生菌。公園のベンチに生えているようなこともある。

【採集・調理】雨上がりに探すと、水分をたっぷり吸った重量感のあるキクラゲを見つけられる。さっとゆでて、ポン酢をかけるだけでも美味。アラゲキクラゲは背面に白い毛が生えていて、色はキクラゲよりも黒っぽく、肉質はキクラゲよりも歯ごたえがある。油との相性もよく、中華料理でもよく使われている。

アミガサタケ 注

アミガサタケ科アミガサタケ属
地方名＝ガランド、シワガラ

アミガサタケ。草地に生える中型のきのこ。
頭部が黄色いのでイエローモレルと呼ばれる

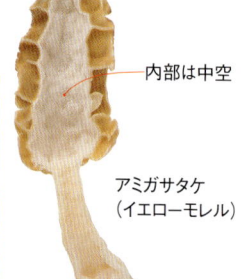

内部は中空

アミガサタケ
（イエローモレル）

トガリアミガサタケ
（ブラックモレル）

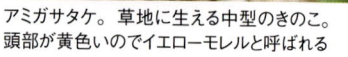

採集時期●春
発生場所●庭、道端、草原
食べ方●スープ、パスタ

アミガサタケの近縁のき
のこ。黒っぽいのでブラッ
クモレルと呼ばれる。調理
方法はアミガサタケと同じ

ツクシなどとともに生えて、春の訪れを告げるきのこ。傘の黄色いもの
を「イエローモレル」、黒っぽいものを「ブラックモレル」とも呼ぶ。
【環境】春、公園などの地上に発生する腐生菌。
【採集・調理】ごわごわした感じがあるが、乾燥させると強い香り
が出てくる。生鮮品と乾燥品の両方を使ってスープやパスタなどの
洋風料理にしてみよう。乾燥品のもどし汁をソースに利用し、頭部
の網目に味をよくしみ込ませると生鮮品の食感と乾燥品の香りを
同時に楽しめる。内部は中空であることを利用して、肉詰めなどに
してもよい。生食すると中毒するので必ず加熱調理する。

毒

シャグマアミガサタケ

フクロシトネタケ科シャグマアミガサタケ属

内部は空洞

頭部は不定形で、アミガサタケのような、はっきりとしたくぼみはない

針葉樹林の地上に生える

発生時期●春
発生場所●針葉樹林
中毒症状●嘔吐、下痢、肝臓・腎臓障害、呼吸困難など

ゆでているとき、湯気を吸っただけでも中毒する猛毒のきのこ。

【環境】　春に、モミやアカマツなどの針葉樹林の地上に発生する腐生菌。

【見分けのポイント】脳みそのような形の頭部のきのこ。アミガサタケ（p.138）は頭部がはっきりくぼむが、シャグマアミガサタケは不規則にくちゃくちゃとしている。ヨーロッパでは毒抜きをして食用にされているが、よくゆでないと毒成分は消えない。食後4〜24時間で嘔吐、下痢などの症状が表われ、その後、肝臓、腎臓障害、環境器不全、呼吸困難などの症状が起こって、やがて死に至る。

Step2 里山から低山
食べられる15種+毒5種

ヒラタケ 食

ヒラタケ科ヒラタケ属
地方名=カンタケ、カノガ

広葉樹の枯れた部分に傘を重ねて発生する

ウスヒラタケは初夏から
秋に発生。ヒラタケより
傘が薄くて色も薄い

柄にツキヨタケの
ような隆起はない

採集時期	晩秋～春
発生場所	広葉樹林
食べ方	煮込み、焼き物、ピクルス

寒い季節に枯れ木に生える、平たいきのこ。

【環境】 春と晩秋、主に広葉樹の材に発生する腐生菌。カンタケ（寒茸）とも呼ばれるように、雪をかぶって凍りついているのではないかと思われる状態でも成長を続ける。

【採集・調理】 肉質はかたく締まって厚みがある分、成長しすぎると、かたくて食用には難。網で焼いたり、ソテーしたりするだけでおいしいが、大きめに裂いたものを肉や野菜と煮込んでもおいしい。傘が薄くて初夏から秋に発生するウスヒラタケも同様に使える。有毒のツキヨタケ（p.141）と間違えないように注意。

ツキヨタケの発光。肉眼ではもっと白っぽく、ぼんやり見える

ツキヨタケ

毒

ツキヨタケ科ツキヨタケ属
地方名＝ヒカリキノコ、クマヒラ、ドクアガリ

生え方はヒラタケやムキタケと似ている

断面

ムキタケと違って、毛は生えていない

柄のつけ根に黒ずんだしみがある

柄に隆起がある

発生時期●初夏〜秋
発生場所●広葉樹林
中毒症状●腹痛、嘔吐、下痢などの胃腸障害で、死亡例もある

ヒラタケ（p.140）やムキタケ（p.167）、シイタケとよく似た発光する毒きのこで傘を重ねて生える。

【環境】初夏から秋、ブナなどの広葉樹の材に生える腐生菌。

【見分けのポイント】ひだと柄の境に、つば状の隆起帯がある。柄を切断すると根元に黒ずんだしみがあるのが特徴だが、ほとんどない場合もある。昼間でも暗い所で見れば発光していることがわかるが、光は弱いこともある。中毒症状は、腹痛、嘔吐、下痢などの胃腸障害で、死亡例もある。ヒラタケ、ムキタケとは生え方が似ているが、生え方が似ていないシイタケと間違える中毒事故も起きている。

ムラサキシメジ

キシメジ科ムラサキシメジ属
地方名＝アケビタケ、ムラサキヌイト

ひだは密で紫色

谷のように落ち葉がたまっている所を好む。群生するので1本見つけたら周囲を探してみよう

採集時期	●秋
発生場所	●雑木林など
食べ方	●鍋物、ホイル焼き、和え物、天ぷら、炒め物

紫色の落ち葉の上に生えるきのこ。

【環境】特に晩秋、さまざまな林の落ち葉の上に群生する腐生菌。落ち葉がたくさん堆積しているような所で見つかりやすい。

【採集・調理】全体が紫色だが、成長すると色があせて白っぽくなり、土臭くなることが多い。紫色の濃い、若い個体を選んで採集する。火を通しても紫色はそのまま残る。どんな調理法にも向くが、さっと湯がき、大根おろしで和えて食べると、肉質は頼りないが、つるっとしたのどごしがあり、きのこらしい香りが口の中に残る。ただし、生食は中毒。

オオイチョウタケ

キシメジ科オオイチョウタケ属

傘に絹糸のような光沢があり、
浅くくぼむ

群生するオオイチョウタケ

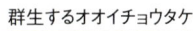

採集時期●夏～秋
発生場所●林道脇、竹林、スギ林
食べ方●汁物、グラタン、炒め物

つやのある白い傘を広げる大型のきのこ。

【環境】初夏と秋、林道脇やスギ林、竹林など、やや湿り気のある場所に群生する腐生菌。

【採集・調理】成長が速く、朝、小さな幼菌だと思っていると、その日の夕方には大きな傘を広げていることもある。まめに足を運んでベストな状態で採集したい。風味にクセがない優秀な食用きのこで、発生場所を1ヶ所見つけると収穫量を見込めるのが魅力。よく似た仲間にムレオオイチョウタケがあるが、こちらは泥臭くて食用には適さない。

ウラベニホテイシメジ

食

イッポンシメジ科イッポンシメジ属
地方名＝イッポンシメジ、アブラシメジ、ダイコクシメジ

ブナ科の広葉樹林に生える

断面
柄は中実

ひだは成熟す
るとピンク色

白色のかすり模様
があり、指で押した
ようなあとがある。
吸水性はない

- 採集時期●秋
- 発生場所●広葉樹林（主にブナ科）
- 食べ方●汁物、煮込み、フライ

ハルシメジ類（p.130）に雰囲気が似ているが、秋のきのこ。

【環境】 秋、ブナ科の樹下に1本だけ生えることもあれば、群生することもある、大型の菌根菌。

【採集・調理】 苦いが、繊維質のしっかりとした歯ごたえが魅力。傘は吸水性がなく、灰褐色の地を白色のかすり模様がある。幼時、ひだは黄色を帯び、成長するとピンク色。柄は中実。よく似た毒きのこのクサウラベニタケ（p.145）は傘に吸水性があり、幼時、ひだは白色で柄は中空。本種も有毒のクサウラベニタケも、「イッポンシメジ」という地方名があるので混同に注意。

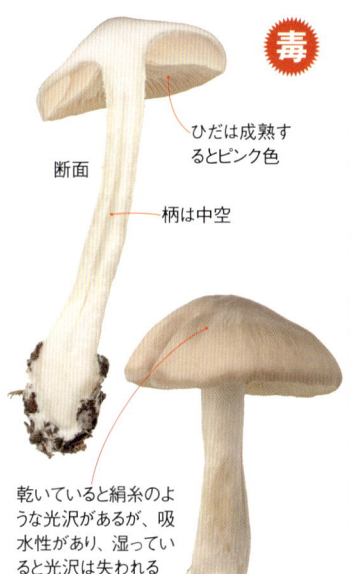

断面

ひだは成熟するとピンク色

柄は中空

乾いていると絹糸のような光沢があるが、吸水性があり、湿っていると光沢は失われる

毒

クサウラベニタケ

イッポンシメジ科イッポンシメジ属
地方名＝イッポンシメジ、ドクシメジ

ウラベニホテイシメジと同様、ブナ科の広葉樹林に生える

発生時期●夏〜秋
発生場所●広葉樹林
中毒症状●嘔吐や下痢など

傘の色が薄い茶色系の食用きのこと紛らわしい有毒種。
【環境】 夏から秋、ブナ科の広葉樹林の地上に生える大型の菌根菌。
【見分けのポイント】 傘は吸水性があり、湿っていると灰色〜帯褐灰色だが、乾燥すると白っぽくなり、絹状の光沢を現わす。ひだは胞子が未成熟なうちは白色だが、成熟するとピンク色になる。一見、地味で食べられそうに思えるが有毒で、中毒を起こすと嘔吐や下痢などの胃腸系の症状が表われる。ウラベニホテイシメジ（p.144）やハタケシメジ（p.128）、ハルシメジ類（p.130）と間違いやすいので注意する。

クリタケ

モエギタケ科クリタケ属

広葉樹の切り株などに発生

ひだは、初めのうちは白色だが、胞子が成熟すると紫がかった褐色になる

傘に粘性はなく、ふちに綿くずのような白っぽいものがある

株状に生える

> 採集時期●秋
> 発生場所●広葉樹林
> 食べ方●天ぷら、フライ、炒め物、炊き込みご飯、煮込み

赤褐色の傘が、クリの実のような風情のきのこ。姿がかわいらしく、きのこ狩りではポピュラーな存在。

【環境】 特に晩秋、クリ、ブナ、コナラなどの広葉樹の材に株状に生える腐生菌。

【採集・調理】 傘や柄に粘性はなく、みそ汁のようなあっさりとした調理法だと、ばさばさ感がある。炒め物や天ぷらなど油を使った料理に向く。乾燥させて保存すると、独特の芳香があり、炊き込みご飯や煮物に個性を発揮する。有毒のニガクリタケ（p.147）と間違えないように気をつける。生食すると中毒するので注意。

146

ひだは、初めのうちは黄色だが、胞子が成熟すると黒ずむ

傘は、中央が濃色

毒

ニガクリタケ

モエギタケ科クリタケ属
地方名＝ニガタケ

広葉樹および針葉樹の切り株などに発生

株状に生える

発生時期●春～秋
発生場所●広葉樹林、針葉樹林
中毒症状●腹痛、嘔吐、下痢。
死に至ることもある

クリタケ（p.146）によく似た毒きのこ。発生期間が長く、広葉樹林にも針葉樹林にも生えるため、遭遇率が高い。
【環境】春から秋、広葉樹および針葉樹の材から生える腐生菌。
【見分けのポイント】クリタケを硫黄色にしたような感じだが、色には変異があって一様ではない。クリタケとともに採集し、混入してしまうこともある。野生きのこの販売所などでも、混入しているケースがある。ニガクリタケは口に含むと苦いので、もし、苦みを感じたら決して飲み下さないこと。中毒すると腹痛、嘔吐、下痢の症状が表われ、重症の場合、死に至ることもある。

147

ショウゲンジ 食

フウセンタケ科フウセンタケ属
地方名＝ボウズタケ、コムソウ

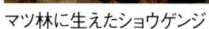
マツ林に生えたショウゲンジ

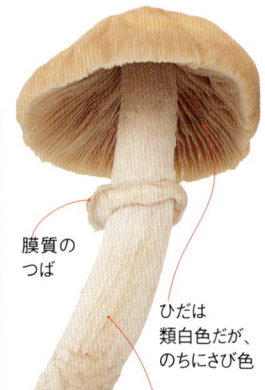

膜質の
つば

ひだは
類白色だが、
のちにさび色

傘にも柄にも
粘性はない

採集時期●夏～秋
発生場所●針葉樹林、
広葉樹林
食べ方●鍋物、炊き込み
ご飯、天ぷら、焼き物

かつてマツタケが生えていた林にマツタケが生えなくなると、ショウ
ゲンジが生え始めるという。

【環境】 夏から秋、アカマツやコメツガなどの針葉樹林の地上に生
えるが、コナラやコジイなどの広葉樹林にも生える菌根菌。

【採集・調理】 傘に放射状の浅いしわがあるのが特徴。傘が開い
てしまうと傷みが早いので、若い個体を選ぶ。若い個体の傘は、
絹状の繊維におおわれている。柄に膜質のつばがあるが、傘が開
いていないときは、つばとして独立していない。風味にクセがなく、
お吸い物などにすると、よいだしが出る。

柄は黒褐色で、ビロード状の毛が生えている

株状に生える

食 エノキタケ

タマバリタケ科エノキタケ属
地方名＝ユキノシタ、ナメタケ

傘に粘性がある

本来の姿は、栽培物とはかけ離れている

> 採集時期●秋～春
> 発生場所●広葉樹林
> 食べ方●汁物、鍋物、和え物、天ぷら

野生のものは傘がぬるぬるとして柄が黒く、栽培ものの白いエノキタケとは、まったく異なる姿のものが採集できる。

【環境】秋から春、ケヤキ、カキ、エノキ、ヤナギなどの広葉樹の材に発生する腐生菌。

【採集・調理】ナメコ（p.166）のように、傘に粘性がある。柄は黒っぽく、微毛が生えている。鉄がさびたような独特のにおいは、ほかのきのこにはない特徴。このにおいは、熱を通すと気にならなくなる。みそ汁やおろし和えなどのシンプルな料理で十分おいしい。採集するとき、多少乾燥気味でも、水につけると状態が戻る。

149

タマゴタケ

食

テングタケ科テングタケ属
地方名＝ホオベニタケ、ベニタケ

傘のふちに
条線

自然度が高ければ平地の公園などにも
生える

傘を開く前は、条線
は目立たない

外被膜

卵のような外被膜を
破って生えてくる

ひだは黄色

つばはオレンジ色

柄は、だんだら
模様だが、ない
場合もある

外被膜は、つ
ぼとなって残る

採集時期●夏〜秋
発生場所●広葉樹林、針葉樹林
食べ方●炒め物、天ぷら、汁物

幼菌は、卵のような外被膜に包まれている。

【環境】夏から秋に、シイ、コナラ、ブナなどの広葉樹林やモミ・
ツガ林など、平地から亜高山帯まで発生する大型の菌根菌。

【採集・調理】最初は卵のような白い被膜に包まれているが、被
膜が破れて伸び始めると、1日で大きくなる。傘のふちに条線があ
り、ひだは黄色。柄は黄色でだんだら模様があるが、模様がない
個体もある。傘の開いたものは天ぷらにするとおいしい。火を通す
時間に応じて赤色が抜ける。有毒のベニテングタケ（p.151）と間
違えないようにする。

毒 ベニテングタケ

テングタケ科テングタケ属
地方名＝アシタカベニタケ、アカハエトリ

全体が外被膜
におおわれた
状態の幼菌

ひだ、つば、柄
は白色

シラカバの近くの地面に生える

> 発生時期●夏〜秋
> 発生場所●シラカバ林、シラビソ林
> 中毒症状●嘔吐、幻覚

イラストで描かれることの多い毒きのこ。

【環境】 夏から秋、シラカバの樹下に発生する大型の菌根菌。シラビソの樹下にも生える。

【見分けのポイント】 傘は赤からオレンジ色で、幼菌のときにきのこ全体を包んでいた白色の被膜のかけらを点々とつける。被膜のかけらは雨で流されることもあり、そうなるとタマゴタケ（p.150）と間違いやすい。しかし、本種のひだと柄は白色、タマゴタケのひだと柄は黄色。傘のふちに条線はない。中毒症状は嘔吐、幻覚など。毒成分に殺虫効果があり、かつてはハエ捕りに利用された。

ムラサキヤマドリタケ

食

イグチ科ヤマドリタケ属

傘のまだら模様は個体差があるが、紛らわしいきのこはない

管孔は白色から黄色に変わる

紫色で、白く隆起した網目模様がある

採集時期 ● 夏〜秋
発生場所 ● ナラやシイ・カシ林
食べ方 ● 汁物、炒め物、和え物

外見はかけ離れているが、ヤマドリタケモドキ（p.154）とともに美味で有名な「ポルチーニ」の一種。

【環境】 夏から秋、コナラやカシ類などの広葉樹林の地面に生える、大型の菌根菌。

【採集・調理】 紫色の傘に黄色っぽいまだら模様があり、柄は紫色に白色の網目模様がある。傘の裏はひだではなく管孔で、管孔は初めは白色で、のちに黄色になる。若い個体はコリコリとした歯ごたえがあり、成長した傘は火を通すと、とろりとしておいしい。ほんのりと甘みのある上質な食用きのこ。

傘はフェルト状で、しわが多い。
成長するとひびわれる

管孔はオレンジ色。胞子が成熟すると少し色がくすむ

柄は黄色で、それよりも濃い色の細かい粒でおおわれる

食 アカヤマドリ

イグチ科ヤマイグチ属

左の傘があまり開いていないもののほうが、利用度は高い

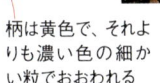

採集時期●夏〜秋
発生場所●広葉樹林
食べ方●炒め物、汁物、鍋物、煮込み、コロッケ

脳みそのようなしわだらけの傘をもつ、大型のきのこ。
【環境】夏から秋、コナラ、ミズナラなどの広葉樹林の地上に発生する大型の菌根菌。傘の径が20cmを超えるものもある。
【採集・調理】加熱すると色がしみ出し、料理がカレー粉を入れたように黄色くなる。傘の開かない若い個体は、かたく締まっている。その状態を活かしてソテーなどに。成長した傘の内部はマシュマロのようにふわっとしている。火を通すと肉がとろとろになり、コクのあるうまみが出る。ただし、柄のほうは成長後は木材のようにばさばさになり、食用には向かない。

ヤマドリタケモドキ

🍽食

イグチ科ヤマドリタケ属
地方名＝セップ（フランス）、ポルチーニ（イタリア）

ブナ科の広葉樹林の地面に生える

管孔は、初めは白色の菌糸でおおわれている

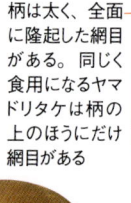

柄は太く、全面に隆起した網目がある。同じく食用になるヤマドリタケは柄の上のほうにだけ網目がある

傘は湿ると粘性があり、育つと平たくなる

育つと管孔は黄色っぽくなる

採集時期●夏〜秋
発生場所●ブナ科の広葉樹林
食べ方●スープ、パスタ、ソースの具財、炊き込みご飯

美味な食用菌「ポルチーニ」の一種。

【環境】 夏から秋、ブナ科の広葉樹林の地面に生える、大型の菌根菌。

【採集・調理】 柄の全面に隆起した網目があり、傷ついても変色せず、内部は白色。よく似た有毒のドクヤマドリ（p.155）は、柄に網目がなく、傷つくと青色に変色する。生のまま調理してもよいが、乾燥させるとうまみとともに独特の香りが出て、スープやパスタ、リゾット、各種料理のソースとして活用できる。「ポルチーニ」の乾燥品は市販品もある。

傘はビロード状で粘性はない

網目模様はない。古くなると赤っぽいしみができる

毒 ドクヤマドリ

イグチ科ヤマドリタケ属

亜高山帯の針葉樹林に生える

傷つくと、ゆっくりと青色になる。管孔は初めから黄色

発生時期●夏〜秋
発生場所●針葉樹林
中毒症状●嘔吐、下痢などの重い胃腸系の症状

ずんぐりとして肉厚で、いかにもおいしそうに見えるが、激しい胃腸系の中毒を起こす毒きのこ。

【環境】　夏から秋、亜高山帯のシラビソ・コメツガ林の地上に生える、大型の菌根菌。

【見分けのポイント】　食用となるヤマドリタケモドキ（p.154）やヤマドリタケと間違えやすい毒きのこ。一番の見分けのポイントは柄の網目模様の有無で、本種には網目模様はない。また、傷をつけるとゆっくりと青色に変色する。内部の色は黄色。傘はビロード状で、粘性はない。

155

チチタケ

ベニタケ科チチタケ属

（食）

コナラ林などの地上に生える

中央は、ややくぼむ

乳液

傘と柄はビロード状

乳液の乾いたあとは褐色のしみになる

採集時期	●夏～秋
発生場所	●広葉樹林
食べ方	●汁物、鍋物、炒め物、煮込み

傷をつけると、白い乳液をしたたらせるきのこ。

【環境】夏から秋、主にコナラ林、ミズナラ林などの地上に発生する菌根菌。

【採集・調理】傘と柄はビロード状。乳液には、ほんのりとした甘みと渋みがあり、乾くと褐色のしみになる。乾燥すると、干した魚のようなにおいを放つ。クセのある香りとごわごわとした食感のため、きのこ狩りの対象にしない地方も多い。しかし、うまみのあるだしが出る。栃木県などでは非常に人気が高く、チチタケを入れた「ちだけうどん」などで食べる。

コウタケ

注

マツバハリタケ科コウタケ属
地方名＝シシタケ

厚い鱗片が反り返る

大型だが表面の鱗片が落ち葉
に紛れやすく、注意しないと見
落とす

傘の裏には針が垂れる

傘の中央は柄のほう
まで落ち込んでいる

採集時期●秋
発生場所●コナラなどの広葉樹林
食べ方●炊き込みご飯、天ぷら、
網焼き

傘の表面に大きな鱗片がささくれ立つ、荒くれた見かけのきのこ。
【環境】　秋にコナラなどの広葉樹林の地面に発生する、大型の菌
根菌。
【採集・調理】　このきのこの一番の魅力は香ばしい香りで、乾燥
させるとさらに強くなる。細かく切って乾燥させたものを炊き込みご
飯などに。乾燥品のもどし汁は黒いが、よいだしが出ているので調
理に利用する。見た目とは裏腹に、きめの細かい肉質は歯ごたえ
がよく、天ぷらに向く。生食すると胃腸系の中毒を起こし、加熱し
ても体質によってしびれや発疹が出ることもある。

157

ハナビラタケ

ハナビラタケ科ハナビラタケ属

食

- 採集時期●夏〜秋
- 発生場所●カラマツ林、マツ林、モミ林
- 食べ方●天ぷら、炒め物、和え物、焼き物、炊き込みご飯

カラマツなどの根元に発生する

歯切れがよく、さまざまな料理に向く

根元

英語では「カリフラワーマッシュルーム」と呼ばれるきのこ。

【環境】 夏から秋、カラマツ、マツ、モミなどの材に発生する腐生菌。大きいと直径30cmくらいになる。

【採集・調理】 花びらを集めてボール状にしたようなきのこ。特に夏の高原でよく見られ、白くて大きいので、発生のタイミングが合えば比較的簡単に見つけられる。薄いので、さっとゆでて調理する。歯切れがよく、つるりとした食感で、味や風味にクセはなく食べやすい。β-グルカンの含有量が多いことに注目され、栽培品や顆粒状に加工された商品が出回っている。

注 カノシタ

カノシタ科カノシタ属

全体がオレンジから
クリーム色

傘のふちはゆるく波打つ

傘の裏は針状、
針は折れやすい

柄は、偏ってつくことが多い

採集時期●夏～秋
発生場所●雑木林
食べ方●炒め物、汁物、
ピクルス、グラタン

傘の裏に針を垂らす様子を、「鹿の舌」に見たてて名づけられた。本種の変種で、全体が白いシロカノシタもある。

【環境】夏から秋に、主に雑木林などの地上に生える菌根菌。行列をつくるように群生することが多い。

【採集・調理】壊れやすいので、採集と持ち運びは、ていねいに。火を通すとしっかりするので、調理の前に一度ゆでると扱いやすい。クセはないが、やや苦みがある。針の部分に味がしみ込むような、濃い味つけの料理に向く。世界で広く利用しているが、毒成分と思われる物質を含むので注意が必要。

Step3 やや深い山
食べられる11種＋毒1種

タモギタケ

ヒラタケ科ヒラタケ属
地方名＝ニレタケ、タモキノコ

食

株状に生える

ひだは柄のほうに流れる

● 採集時期●春〜秋
● 発生場所●広葉樹林
● 食べ方●汁物、鍋物、
　天ぷら、和え物

倒木などに傘を重ねて群生する

「タモ」とはヤチダモやハルニレの地方での呼び名で、東北地方や北海道、高原地帯など、寒い地方に多いきのこ。

【環境】春から秋、ハルニレなどの広葉樹の材に発生する腐生菌。倒木や切り株だけではなく、立ち木の高い所にも発生する。

【採集・調理】ヒラタケ（p.140）と近い仲間だが、小型で厚みはあまりなく、質も生ではもろい。しかし、火を通すと弾力が出て歯切れがよく、洋風、和風を問わずに利用できる。ただし、鮮やかな黄色は失われて白っぽくなってしまう。独特の粉臭さがあり、好き嫌いが分かれるが、人工栽培品が出回っている。

マツタケ

キシメジ科キシメジ属

食

亜高山帯のツガ林に発生したマツタケ

傘は褐色の繊維状鱗片におおわれる

ひだをおおう内被膜

内被膜がはがれてつばになる

傘がまだ閉じ気味の個体がフレッシュ

傘と同じように繊維状鱗片でおおわれる

採集時期●夏〜秋
発生場所●マツ林、コメツガ林など
食べ方●汁物、炊き込みご飯、焼き物

以前は里山にふつうだったが、マツ林の富栄養化にともなって数が減ってしまったきのこ。

【環境】 夏から秋、アカマツ林の地面に発生する大型の菌根菌。コメツガ、ツガ、アカエゾマツ、ハイマツの樹下にも発生する。

【採集・調理】 栄養があまりない、やせた土地を好み、落ち葉が積もりすぎているとかえって生えないので、落ち葉のたまりにくい尾根筋や、亜高山帯のコメツガ林などを探す。香りを活かして土瓶蒸しや炊き込みご飯などに。 大きめに裂いて火であぶると、香りとともに、しっかりとした歯ごたえも楽しめる。

シモフリシメジ 食

キシメジ科キシメジ属
地方名＝ギンタケ

数本がまとまって生えていた

採集時期●秋
発生場所●針葉樹林、針・広混生林
食べ方●鍋物、炊き込みご飯、天ぷら、和え物

湿っていると粘性がある

成長すると中央が突出

ふちが反り返って傘が裂ける

傘は淡黄色で、表面にすす色の繊維紋があるため灰色に見える

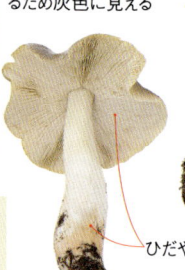

ひだや柄は黄色っぽい

霜の降りるような晩秋に多く見られるきのこ。

【環境】 秋、特に晩秋、アカマツやモミなどの針葉樹林の地上に生える菌根菌。ミズナラ林やカンバ林にも見られる。

【採集・調理】 落ち葉に紛れていることがあるので、1本見つけたら、しゃがみ込んでまわりをよく探す。肉質がもろく、壊れやすいので扱いはていねいに。しかし、火を通すと弾力が出て、歯切れも舌ざわりもよくなる。傘にぬめりがあり、汁物などに合う。風味にクセがなく、極めてよいだしが出る。そばつゆのだしに利用する地方もある。

食 オオツガタケ

フウセンタケ科フウセンタケ属

傘があまり開いていないものは、ひだが「クモの巣膜」というふわふわした菌糸でおおわれている

柄は太く綿毛のような菌糸におおわれて、ふかふか

群生することが多い。傘に粘性があり、ふちに綿状の白い部分がある

ひだは白色だが、しだいに褐色っぽくなる

採集時期●夏～秋
発生場所●シラカバ、ミズナラ、コメツガ、シラビソなどのある林
食べ方●鍋物、炒め物、焼き物

亜高山で出会える大型で食べ応えのあるきのこ。野生のものが販売所に出回るくらい人気がある。

【環境】 夏から秋、シラカバ、ミズナラ、コメツガ、シラビソなどのある林の地上に生える大型の菌根菌。

【採集・調理】 明るい色の傘に白い柄の取り合わせで、比較的見つけやすい。かたく締まっているのに、なめらかで、風味にクセはなく、どんな料理にも合う。ボリュームがあるので、シンプルに網焼きしただけで、かんだ瞬間、ジューシーな味わいで口の中がいっぱいになる。鍋物や炊き込みご飯にも向く。

163

ヌメリスギタケモドキ 食

モエギダケ科スギタケ属

ひだは淡黄色から
さび褐色になる

枯れ木に生える　　つばがある

傘は粘性があるが、
乾くと光沢がある

三角形の鱗片

採集時期	● 春〜秋
発生場所	● 広葉樹林
食べ方	● 汁物、鍋物、煮込み、炒め物

柄に粘性はない

案外と早い季節から出始めるきのこ。

【環境】 春から秋、広葉樹の材に発生する大型の腐生菌。ヤナギから生えることが多く、谷筋などが探索のポイント。

【採集・調理】 傘は黄色で三角形の鱗片があり、湿っていると強い粘性があるが、乾くと光沢が出る。ひだはさび褐色。柄は粘性がなく、繊維状のつばがあるがなくなりやすい。つばより下には繊維状の鱗片がある。風味にクセはなく、大型で肉厚なので食べがいがあり、肉質はコリコリとしっかりしている。ナメコ（p.166）のように汁物などにするが、柄はかたいので炒め物などに。

オオワライタケ

ヒメノガステル科チャツムタケ属

つばがある

ひだは、胞子が成熟するとさび色が強くなる

傘は繊維紋があるが、大きな鱗片はない。粘性もない

株状に生えることもある

倒木や切り株の根際などに多い

- 発生時期●夏〜秋
- 発生場所●広葉樹林
- 中毒症状●ふるえ、寒気、めまい、視覚障害、幻覚症状など

おいしそうに見えるが、味の苦い毒きのこ。

【環境】 夏から秋に生える腐生菌。ブナなどの広葉樹の材から生えることが多いが、針葉樹の材からも発生し、株状になることもあれば、1本だけで生えることもある。

【見分けのポイント】 全体がこがね色で、傘に細かい繊維紋があり、粘性はない。ひだは初めは黄色っぽいが、しだいにさび褐色になり、柄に膜質のつばがある。ときに大型となり、株状に育ったものは、いかにもおいしそうだが、食後5〜10分でふるえや寒気などの神経系の症状が現れ始める。

ナメコ

モエギタケ科スギタケ属

おびただしく群生することが多く、最盛期にめぐり会えば、一度の収穫で何袋ものビニールがいっぱいになる

若いうちは、ゼラチン質の膜がひだをおおう

胞子が成熟すると、ひだは褐色を帯びる

つば
傘を広げると膜が破れてつばになる

採集時期●秋
発生場所●ブナやコナラなどの広葉樹林
食べ方●汁物、和え物、天ぷら、焼き物

栽培品は幼菌がほとんどだが、野生のものは成菌を味わいたい。

【環境】秋、特に晩秋に、ブナなどの広葉樹の材に発生する腐生菌。関東から西ではブナ林が少ないので難しいが、東北の日本海側ではコナラの枯れ木にも発生する。

【採集・調理】全体に粘性が強く、泥汚れなどがつきやすい。採集したら、きれいな葉で包むと、あとの処理が楽。野生のナメコは香りが強い。大きくて肉厚の傘を網で焼いただけでも、イメージをくつがえすおいしさ。汁物との相性のよさは当たり前。さっと湯通しして、大根おろしで和えるナメコおろしは定番。

毛が生えている

食
ムキタケ
ガマノホタケ科ムキタケ属

- 採集時期●秋
- 発生場所●広葉樹林
- 食べ方●汁物、鍋物、煮込み、焼き物

表皮がむけやすい。表皮をむいて調理する人もいるが、むかなくても構わない

ツキヨタケのような黒ずんだ部分はない

断面

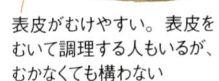
柄はない

倒木に群生した

ゼラチンの吸水性が鍋物に向く、ぷるぷるとした食感のきのこ。

【環境】　秋、ブナやミズナラなどの材に発生する腐生菌で、群生したり、多数の傘が重なり合って生えたりする。

【採集・調理】　毒きのこのツキヨタケ（p.141）と間違えないようにする。ムキタケは傘と柄に毛があるが、ツキヨタケにはない。ムキタケには柄がないが、ツキヨタケには短い柄があり、柄のつけ根の断面に黒ずんだ部分がある。ムキタケの表皮はむけやすいが、これは表皮と肉の間にゼラチン層があるためで、ぷるぷるとした食感を生み出し、鍋のうまみをたっぷりと吸う。

ハナイグチ

ヌメリイグチ科ヌメリイリグチ属
地方名＝ジゴボウ、ラクヨウ

管孔は黄色

目立つ
つばがある

柄にも粘性がある

カラマツ林の地上に
生える。群生している
こともあり、一度にたく
さん採れることも多い

採集時期●夏〜秋
発生場所●カラマツ林
食べ方●汁物、鍋物、
酢の物、佃煮、ピクルス

粘性の強い丸い傘のきのこで、北海道では「ラクヨウ」、信州では「ジゴボウ」などと呼ばれ、人気が高い。

【環境】夏から秋、カラマツ林の地上に発生する菌根菌。1本ずつ生えるが、まわりにもたくさん生えていることが多い。

【採集・調理】べとべとするというよりは、つるつるとした粘性がある。粘性のあるきのこは汁物との相性がよく、とろみがついた汁は体が温まり、ハナイグチ独特の甘い香りが楽しめる。使うのが若い個体ならしっかりと締まった食べ応えがあり、成長していれば、汁がしみこんだやわらかな食感が楽しめる。

168

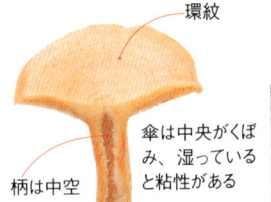

環紋

柄は中空

傘は中央がくぼみ、湿っていると粘性がある

傷つくとオレンジ色の乳液を出し、そのまま赤いしみになる

丸い濃色のくぼみ

食

アカモミタケ

ベニタケ科チチタケ属

モミ類の近くの地上に生える

採集時期	●夏〜秋
発生場所	●モミ林
食べ方	●炒め物、焼き物、汁物、炊き込みご飯

全体がオレンジ色をした美しいきのこ。

【環境】 夏から秋、モミ類のある森の地面に生える菌根菌。

【採集・調理】 柄に大小の丸い濃色のくぼみがあるのが特徴。肉を傷つけるとオレンジ色の乳液を出すが、ハツタケ（p.172）のように青緑色に変色することはない。ただし、野生のきのこの販売所などでは「ハツタケ」「アカハツ」という名で店頭に並ぶこともある。多少ぼそぼそするが、味はよく、うまみも強い。塩をふっただけの網焼きやソテーで、じゅうぶんにおいしい。よいだしが出るので、汁物や炊き込みご飯にも向く。

169

マイタケ

トンビマイタケ科マイタケ属

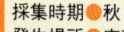
採集時期●秋
発生場所●広葉樹林
食べ方●汁物、鍋物、
天ぷら、炊き込みご飯、
炒め物

ふちの波打つ、薄い傘を重ねて育つ。傘の裏は白く、ひだではなく、管孔がある

大木の根元に発生。直径が30cmほどになることもある

根元

栽培品でおなじみになったが、本来は深山のきのこ。

【環境】 秋、ブナやミズナラの材やその周辺に発生する腐生菌。深山のミズナラの大木の根元を探すのが基本だが、コナラ、クリ、シイにも生え、公園などでも見つかることがある。

【採集・調理】 歯切れがよく、香りもよい。栽培品にも香りはあるが、野生のマイタケのもつ強い香りにくらべるとものたりない。天ぷらにすると、家中、マイタケの香りがたちこめる。汁物にすると煮汁が黒ずむが、味に影響はない。タンパク質分解酵素を含むので、茶わん蒸しに使うと凝固しない。

クロカワ

（食）

マツバハリタケ科クロカワ属
地方名＝ウシビタイ、ナベタケ、
ロウジ

ひだではなく管孔。孔口は円形だが、
成長すると形が乱れる

傘の裏は白色。
肉も白色で、傷
がつくと赤紫色
に変色する

採集時期●秋
発生場所●マツ林、モミ林など
食べ方●炒め物、焼き物、炊き
込みご飯、酢の物

地面に傘を伏
せたように生え
る。傘には粘
性はなく、微毛
が生えていて、
なめし革のよう

苦みがやみつきになる黒いきのこ。

【環境】 秋、モミ、マツなどの針葉樹林の地上に生える菌根菌。

【採集・調理】 傘の直径は5cmくらいのものから、20cmを超える
ものまである。しかし、背が低めなので、慣れないと足元にあって
も見逃しやすい。弾力のない肉質で生のときは壊れやすいが、火
を通すと弾力が出る。味は苦いが、強いうまみもある。しょうゆと
相性がよく、網で焼いたものやスライスして炒めたものに、しょうゆ
をたらすだけでおいしい。ゆでて、酢じょうゆをかけてもよい。煮物
でもおいしいが全体が黒くなる。

Step4 海岸の近く
食べられる3種＋毒1種

ハツタケ

ベニタケ科チチタケ属
地方名＝アイタケ、ロクショウモタシ

マツ林の地上に生える

傘に環紋があり、成長すると浅くくぼむ。湿っていると粘性がある

赤い乳液が乾くと、青緑色になる

採集時期●夏〜秋
発生場所●マツ林
食べ方●炊き込みご飯、汁物、炒め物

千葉で特に人気の高いきのこ。

【環境】夏から秋、マツ林の地上に発生する菌根菌。特に樹齢の若いマツがある所に好んで生える。

【採集・調理】傘に環紋があり、傷をつけると赤色の乳液を分泌し、のちに青緑色に変色するのが特徴。食感はぼそぼそとしているが、だしがよく出て、香りもよい。夏に出るきのこの初物として、しょうゆとみりんでご飯に炊き込んだ「初茸ご飯」が昔から食べられてきた。汁物は和風、洋風、どちらの味つけにも向き、炒めてもおいしい。

食 アミタケ

ヌメリイグチ科ヌメリイグチ属

傘は直径が10cmくらいにまでなる。傘の下は管孔

> 採集時期●初夏～秋
> 発生場所●マツ林
> 食べ方●汁物、鍋物、
> 和え物、酢の物

管孔は粗く、大小不揃い

マツ林の地上に生えたアミタケ。中央の傘の赤っぽいきのこはオウギタケで、こちらも食用になる

オウギタケというきのこと、一緒に生えていることが多い。

【環境】初夏から秋、マツ林の地上に発生する菌根菌。若い林に多いようで、植林したての場所は収量が期待できる。

【採集・調理】傘に弱い粘性があり、つるっとしたなめらかな食感がある上、歯切れもよいきのこ。傷ついても変色しないが、黄色っぽい色は火を通すと全体がレバーのような紫色に変色する。粘性のあるきのこの定番である汁物や鍋物はもちろん、さっとゆでて、大根おろしで和えたり、酢の物にしたりすると、つるつるした感じが活かせる。

ショウロ

ショウロ科ショウロ属

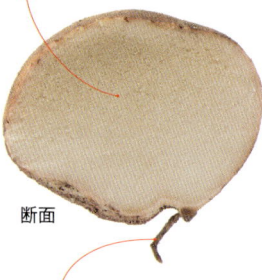

割ってみて、白いものが食べごろ

断面

根（根状菌糸束）は、ひも状

掘り出したショウロ。実際はもっと埋まっている。掘り出したことにより、表面が赤っぽくなっている

採集時期	●春、秋
発生場所	●マツ林
食べ方	●汁物、茶碗蒸し

マツの近くに生える不定形のボール状のきのこ。

【環境】 春と秋に、マツ林の地中に発生する菌根菌。特に若いマツを好み、落ち葉の堆積した場所にはあまり見られない。

【採集・調理】 地面に半ば埋まっていて、採集のため表皮に触れると赤っぽくなる。ボール状のきのこは内部に胞子が詰まっている。この胞子が成熟すると褐色になって異臭を放つ。白く未成熟のものを利用する。シャリシャリとした歯ごたえと、さわやかな香りのあるきのこで、お吸い物や茶わん蒸しなどの具として食感を楽しみたい。毒きのこのニセショウロ（p.175）とは根で見分けるのが簡単。

表皮は細かくひび割れている

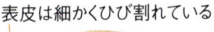
（毒） **ニセショウロ**
ニセショウロ科ニセショウロ属

根（菌糸）がふさふさとしている

若いクロマツ林の砂地に
生えていたニセショウロ
写真提供：安延尚文

断面は、胞子が未成熟
なうちは白い

胞子が成熟すると黒色

発生時期●夏〜秋
発生場所●砂地、
荒れ地
中毒症状●嘔吐、
下痢、腹痛など

ショウロ（p.174）と間違えやすいボール状のきのこ。
【環境】 夏から秋、マツ林などの地面に発生する菌根菌。
【見分けのポイント】 いちばんわかりやすいのは根（菌糸）の形状
で、細い根がふさふさとしていたらニセショウロ。砂地だと根を切ら
ずに簡単に引き抜けるが、土が締まっているような所では、根をち
ぎらないように気をつけて採集する。また、表皮には細かいひび割
れがある。このひび割れは、ときに大きな亀裂になっていることも
ある。胞子が成熟すると内部は黒っぽくなるが、ショウロと違って、
表皮は触っても赤っぽく変色することはない。

食べてはいけない**毒きのこ13種**

シモコシ

キシメジ科キシメジ属
地方名＝キダケ、キンタケ

マツ林のコケの生える地面から発生した。
傘には褐色の細かい鱗片がある

ひだも柄も黄色で、
つばやつぼはない

> 発生時期●秋
> 発生場所●マツ林
> 中毒症状●筋力低下、吐き気、
> 発汗など

以前は食用にされていたが、海外で中毒事故が起こっているので
注意が必要なきのこ。
【環境】秋、特に晩秋から雪のちらつく寒い時期まで発生する。それ
が「霜越」という名前の由来で、マツなどの針葉樹林の地上に
落ち葉やコケに埋もれるように生える菌根菌。
【見分けのポイント】ひだも含めて全体に黄色で、傘は湿ってい
るときに粘性がある。苦みはない。日本では中毒例は報告されて
いないが、本種と同一種と考えられているきのこが原因の中毒事
故がヨーロッパで起っている。

傘はなめらかだが、
つけ根近くに毛がある

ひだをもち、
柄はない

 毒

スギヒラタケ

ホウライタケ科スギヒラタケ属

きのこが少ないスギ林で見つかる白いヒラタケ形のきのこ

発生時期●秋
発生場所●スギ林、針葉樹林
中毒症状●下半身の脱力、発語
困難、意識障害、けいれんなど。
急性脳症から死に至ることもある

缶詰が作られるほど人気の高い食用きのこだったが、死亡事故も起きる毒きのこであることが判明した。

【環境】秋、スギなどの材から、重なり合って発生する腐生菌。信州から東日本を中心に広く分布し、西日本の低地ではまれ。

【見分けのポイント】白くて平たいきのこで、ひだをもち、傘はなめらか。柄はない。2004年、感染症法の改正にともない本種が原因と思われる急性脳症が多数報告され、死亡事故を引き起こす毒きのこと考えられるようになった。特に腎臓の機能が落ちていると症状が激しいが、腎機能が正常でも死亡例がある。

テングタケの仲間

テングタケ類は胃腸系、神経系の中毒を起こす毒きのこが多いグループとして知られ、ほぼすべてが菌根菌。傘のいぼはあったり、なかったりするし、色もさまざまだが、つばとつぼの両方をもつものが多い。ここで紹介するもの以外も採集のときは、よく確認する。柄を途中でちぎって採集すると、つぼの有無がわからなくなるのでていねいに。

つば

被膜の名残のいぼは、雨に打たれて流失していることもあるので注意

つぼ

毒
ベニテングタケ

シラカバ林に多い。胃腸系、神経系の中毒。
→くわしくはp.151

毒
テングタケ

ブナやクヌギの広葉樹林に多い。ベニテングタケを茶色くしたようなきのこ。胃腸系、神経系の中毒。

毒
イボテングタケ

トウヒ、トドマツなどの針葉樹林に生える。テングタケより大型で、いぼは薄い茶色。胃腸系、神経系の中毒。

毒
キリンタケ

針葉樹と広葉樹の混生林に生える。食用とされていたこともあるので注意。胃腸系、神経系の中毒。

いぼはなく、かすり模様

毒
クロタマゴテングタケ

シイ・カシ林に生える。小型だが猛毒で、激しい胃腸系の中毒を起こす。海外で死亡例もある。

いぽはない

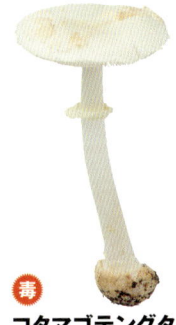

毒
ウスキテングタケ

主にブナ科の広葉樹林に生える。胃腸系、神経系の中毒。海外で死亡例もある。

毒
タマゴタケモドキ

ブナ科の広葉樹林やマツ科の針葉樹林に生える。胃腸系の症状のあと、いったん回復するが、多臓器不全で死に至る。

毒
コタマゴテングタケ

主に広葉樹林に生える。神経系の中毒。変種のシロコタマゴテングタケ、クロコタマゴテングタケもある。

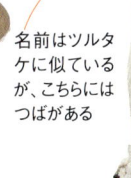

いぽはない

名前はツルタケに似ているが、こちらにはつばがある

かすり模様で、縁に被膜のなごり

ツルタケには、つばはない

毒
ツルタケ

主にブナ科の広葉樹林に生える。胃腸系、神経系の中毒。生食で赤血球が破壊される。

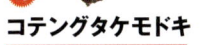

毒
コテングタケモドキ

シイ・カシ林やクヌギ・コナラ林などに生える。胃腸系、神経系の中毒。

毒
ドクツルタケ

広葉樹林にも針葉樹林にも生える。激しい胃腸系の中毒のあと、いったん回復するが、多臓器不全で死に至る。

毒きのこの迷信

毒きのこには、昔から言い伝えられてきた、まことしやかな迷信がいくつかある。しかし、これらの迷信には根拠はない。多種多様な毒きのこを、すべてまとめて見分ける方法はなく、大変でも1つ1つ覚えていくしかない。だれかからこんな話を聞いても信じてはだめ。見分けられないきのこは、絶対に食べてはいけない。

色が地味なきのこは食べられる
イボテングタケやクサウラベニタケのように色が地味でも毒きのこはあるし、タマゴタケのように色が派手でも食べられるきのこもある。

柄が縦に裂けるきのこは食べられる
有毒かどうかに関わらず、柄が縦に裂けるきのこはたくさんある。ちなみにチチタケやハツタケは優秀な食菌だが柄が横に裂ける。

香りのよいきのこは食べられる
香りのよさと毒性の有無はまったく関係がない。毒性がないのに、臭くて食べられないムレオイチョウタケのようなきのこもある。

ナスと一緒に調理すれば食べられる
ナスがきのこの毒性を消すというわけだが、ナスはもちろん、一緒に調理して毒を消すような便利な食材は存在しない。

昆虫などが食べていれば食べられる
消化の能力は生物によって違う。昆虫やカタツムリなどにとっては無毒でも、人間にも無毒というわけではない。

ゆでたり塩漬けにすれば食べられる
ゆでこぼしたり塩漬けしたりすると、毒性が抜けるきのこもわずかにある。しかし、大多数の毒きのこは、ゆでても塩漬けしても毒は抜けない。

煮汁に銀のスプーンを入れて、変色しなければ食べられる
ヨーロッパで言い伝えられている見分け方だが、科学的な根拠はまったくないので信じてはいけない。

PART 4

きのこ料理入門

アミガサタケとツクシのパスタ。タンポポの葉を彩りに

きのこを味わう

多くの山菜は多年草だったり樹木だったりして、一度場所を覚えれば、翌年からはほぼ確実に採集ができる。ところがきのこは、そうはいかない。生育地の好みがあり、樹種と関係があるといっても発生は不安定で、前年の場所で見られないことも多い。

一方、きのこは料理の素材としては扱いが簡単。下ゆでが必要なこともあるが、ふつうは石突きを落とし、適当な大きさに切るだけだ。ただし、味や歯ごたえに特徴のあるもの、ぬめりのあるもの、香りのあるものなどによって使い分ける。クリタケはぼそぼそだから汁物には向かないとか、ハタケシメジは油と相性がよいとかは経験を積んで覚える。想像力と創造性を駆使して料理しよう。

シンプルな網焼きは、きのこの味がよくわかる。どんなきのこでも一度は試して欲しい食べ方

＊「生食で中毒」と書かれていなくても、きのこを食べるときは必ず加熱調理してください。

どんな料理にしようか、考え
るのもきのこ採りの楽しみ

ソテー

きのこは必ず加熱して食べる。ただし、ゆでると風味が損なわれることが多い。ソテーなら、香りや味を失うことなく食べられて、アウトドアでも調理が簡単だ。

アカモミタケのソテー

アカモミタケなどのハツタケの仲間は、食感がぽそぽそしているので食べない人も多いが、実はうまみの強いきのこ。油で炒めて塩をふれば、アカモミタケのすばらしさを実感できるはず。

作り方

①柄と傘を分けて、油をしいたフライパンでさっと炒める。バターで炒めてもよい。

②塩で味を調える。

マイタケのソテー

天然マイタケの香りは格別だ。風味づけににんにくを入れて油で炒めたら、互いの香りを引き立てあう一品になる。

作り方

①マイタケは手でちぎって食べやすい大きさにする。ベーコンがあるとゴージャスに。

②フライパンに、にんにくと油を入れて、にんにくの風味を引き出す。にんにくが焦げないように、弱火で加熱するのがポイント。

③にんにくの香りが立ってきたらベーコンを入れて少し火を強め、カリカリしてきたらマイタケを入れて炒める。

④火が通ったら、塩、こしょうで調味する。好みで松の実やチャービルなどのハーブ、きざんだアサツキを添える。

焼きサーモンのハタケシメジソースがけ

かりっと焼いた鮭に、炒めたハタケシメジを取り合わせて。ハタケシメジのしゃきっとした歯ごたえが絶妙。

作り方
①フライパンに油を入れ、鮭を焼き、皿に盛る。
②ピーマンを切って、ハタケシメジと炒め、塩、こしょう、白ワインで味を調え、①にのせる。

キクラゲのピリ辛炒め

キクラゲはぷるぷる、こりこりした食感のきのこ。唐辛子の辛みをピリッときかせて。

作り方
①唐辛子のタネを抜き、油を入れたフライパンで炒めて辛みを出す。
②キクラゲ、さっとゆでたサヤエンドウを入れて炒める。好みで松の実をトッピングする。

タモギタケのサラダ

タモギタケはヒラタケの仲間で、しっかりとした歯ごたえがある。黄色い色はゆでたり煮たりすると抜けてしまうが、網で焼いたときはきれいな色がそのまま残る。

作り方

①タモギタケの株を適当な大きさに手でちぎり、網で焼く。

②鶏肉はしょうゆで下味をつけて、網で焼く。

③皿にドレッシングで和えたレタス、ゆでたブロッコリー、食べやすく切ったトマトなどを敷き、焼いたタモギタケと鶏肉を盛りつける。

パスタ

ここで紹介するパスタは、どれもソテーの延長のようなもの。好きなきのこを炒めて火が通ったら、ゆでたパスタを入れて調味し、きのことパスタがなじめばできあがり。

ナラタケのパスタ

ナラタケはきのこらしい風味が味わえるきのこ。加熱しすぎて風味を飛ばさないように注意しよう。ナラタケは火が通ると黒ずむが、白いパスタの中では逆によく目立ち食欲をそそる。

作り方

①フライパンに油と、みじん切りにしたにんにくを入れて弱火にかけ、にんにくの香りが立ってきたらアンチョビとナラタケを入れる。
②ゆでたパスタとブロッコリーを入れ、塩で味を調える。炒めるとき、パスタのゆで汁を少し加えると、ナラタケの傘のぬめりが増す。

ナメコのペペロンチーノ

アウトドアでおなかがすいたとき、さ
さっと作れる一品。極細のパスタ
を使えば、あっという間にできる。

作り方

①フライパンに油と、みじん切りに
したにんにく、唐辛子を入れて弱
火にかけ、にんにくの香りと唐辛
子の辛みを引き出す。

②パスタとナメコを一緒にゆで
て、ざっと湯を切り、プライパンに
移す。パスタのゆで汁を少量混ぜ
ると、ナメコのとろみが増す。

③パスタと油を手早くからめ、最
後に塩で味を調える。

パスタとナメコは同時にゆでる

ゆで上がっ
たら、ざるで
ざっと湯を
切ってフラ
イパンへ

189

オオモミタケのパスタ

オオモミタケはしっかりとした歯ごたえが魅力。火を通すと、まるであわびのような食感になる。ここでは塩と白ワインであっさりしあげたが、濃厚なソースにもよく合う。

作り方

①オオモミタケはきのこの形が残るように縦方向にスライスする。トマトはざく切りにする。

②フライパンに油と、みじん切りにしたにんにくを入れて弱火にかけ、にんにくの香りが立ってきたらオオモミタケを入れて火を通す。

③ゆでたパスタを入れてオオモミタケとからめ、トマトを入れて白ワインを回しかけ、塩で味を調える。トマトにあまり火を入れないで、フレッシュにしあげるとさわやか。

オオモミタケ。標高の高い針葉樹林に生える大型のきのこ。地中に深く生え、見つけるのはちょっと大変

クロカワのパスタ

クロカワは苦いが、うまみのあるきのこ。しょうゆとの相性がよく、取り合わせることで、さらにうまみが引き立つ。

作り方

①クロカワをスライスし、アサツキをきざむ。じゃこは少量のぬるま湯にひたして、少しふやかしておく。

②フライパンに油を入れ、クロカワを炒める。火が通ったら、じゃことゆでたパスタを加え、しょうゆを回しかける。味見をして塩気が足りないときは、塩をふる。

③しあげにきざんだアサツキを和える。

セイタカイグチのパスタ

セイタカイグチは柄にぬめりがあるきのこ。
夏の終わり、ちょうどかぼちゃの実るころに
大発生することがある。たらこの塩気とうま
みが、甘いかぼちゃを引き立てる。

作り方

①セイタカイグチは食べやすい大きさに切
る。かぼちゃはゆでておく。たらこは皮を取
り除き、生クリームで溶いてソースにする。
玉ねぎは粗いみじん切りにする。

②フライパンで玉ねぎを炒め、火が通ったら
セイタカイグチを入れてさらに炒める。

③ゆでたパスタとかぼちゃを入れて、しあげ
にたらこソースで和える。好みでパルメザン
チーズをふる。

セイタカイグチ。ブナ科
の林に生える大型のき
のこ。柄の隆起した網目
に味がからむ

192

ホイル焼き

アウトドアで手軽に味わうなら、水も油も使わないで調理できるホイル焼きもおすすめ。きのこを包んだホイルを開けば、ゆげとともにきのこのうまさが立ち上る。

ヤマブシタケとムラサキシメジのホイル焼き

ホイルで包んで焼くだけなので、きのこの味がよくわかる。日本酒やバターを入れればこくが出る。レモンやしょうゆはしあげに使う。

作り方

①大きいきのこは適当な大きさにちぎり、ホイルで包む。日本酒を回しかけたり、バターをひとかけ入れたりしてもよい。

②オーブントースターに入れたり、アウトドアなら網やフライパンの上に置いたりして、しばらく加熱する。

③火が通ったら、しょうゆやレモンで味を調える。

ムラサキシメジは、つるりとしたのどごし

ヤマブシタケ。立ち枯れた木などに生える、ふさふさとしたきのこ

網焼き

網の上にのせて焼いたら、味つけは自由自在。肉や野菜を一緒に焼けば、さらにゴージャス。ひと手間かけて炭火を起こせば、焦げた香りもごちそうに。

ナメコの網焼き

ナメコはみそ汁や和え物が定番だが、焼いて食べてもおいしい。天然のナメコの中でも特に肉が厚いものを選んで焼いてみよう。天然物でなければわからない、特有のさわやかな香りも堪能できる。

作り方

①ナメコは石突きを落とし、傘を下にして網で焼く。

②きざんだアサツキやしょうがなどを混ぜた、しょうゆだれで食べる。

ハマシメジの網焼き

ハマシメジは上品な味わいのきのこだが、物足りなさを感じるときもある。みそマヨネーズのような、こってりとした味で楽しんでみよう。たれをつけたまま、しばらく焼くと、たれが焦げて香ばしさも増す。

作り方

①ハマシメジは石突きを落とし、傘を下にして網で焼く。

②マヨネーズに適量のみそを溶いてみそマヨネーズを作り、網の上のハマシメジにつけて焼く。

ハマシメジ。夏頃から海岸のクロマツ林に見られる小型のきのこ

195

揚げ物

揚げ物は、あっさりしたものはコクがつき、クセのあるものは、まろやかに。大量の油を使う揚げ物は、アウトドア向きとは言えないので、家でじっくり取り組んでみよう。

ハマシメジのかき揚げ

ハマシメジは海岸のマツ林によく生えるきのこ。干しエビと春菊と取り合わせたら、彩りと香りのよいかき揚げに。

作り方

①ハマシメジは、小さなものはそのままで、大きなものは適当な大きさに手で裂く。春菊は適当な長さに切る。

②ハマシメジ、干しエビ、春菊を合わせて衣にくぐらせ、低温でじっくりと揚げる。

アカヤマドリの汁
に黄色く染まっ
てカレーみたい

アカヤマドリのコロッケ

アカヤマドリは加熱すると、とろりとした口当たりになり、黄色い汁がにじみ出る。コロッケのカリっとした衣と、とろりとした具の取り合わせを楽しもう。

作り方

①じゃがいもは塩ゆでして皮をむき、ざっとつぶす。

②みじん切りにした玉ねぎとひき肉を炒め、サイの目に切ったアカヤマドリを加えて炒める。

③①に②を混ぜ、小判型にまとめて小麦粉をまぶす。

④③を溶き卵にくぐらせ、パン粉をつけて揚げる。

鍋、汁物

鍋や汁物に向くのはナメコのような粘性のあるきのこ。きのこは複数使うほうが味に深みが出る。ただし、クセが強いものが混じると調和が乱れるので、セレクトは慎重に。

アミタケ

ムラサキシメジ

シモフリシメジ

ムキタケ

きのこ鍋

鍋にいろいろなきのこを入れると、それぞれからだしが出て、相乗効果でおいしくなる。ここではムラサキシメジ、シモフリシメジ、ムキタケ、アミタケを入れた。

作り方

①鍋にだし汁を張り、きのこや豆腐を入れて火にかける。

②塩やしょうゆで鍋全体に味をつける。たれを別に作って食べても。

具だくさんのきのこ汁

採ってきたばかりのナメコやヌメリスギタ
ケモドキで作った汁物。それぞれの香り
や歯ごたえの違いが味わえ、冷えた体も
温まる。

作り方

①さといも、にんじん、大根などは、皮を
むいて適当な大きさに切る。きのこも大
きなものは適当な大きさに切る。

②鍋に油を入れて野菜を炒める。油が
回ったらだし汁を入れる。

③野菜に火が通ったらきのこを加えて火
を通し、みそを溶き入れる。

ヌメリスギタケ

ご飯物

炊き込みご飯を作るのは大変なように感じるが、米をといで、きのこをのせ、分量のだし汁を入れて炊飯器のスイッチを押すだけ。それだけで今日のご飯が特別なものに。

コウタケのおにぎり

香りのよい、コウタケの炊き込みご飯をおにぎりに。このおにぎりを持って山へ行こう。きのこが採れなくても、このおにぎりが食べられれば満足だ。

作り方

①コウタケを細切りにして炊き込みご飯を炊き、味つけは、しょうゆ、酒、みりんなどで。コウタケからいいだしが出るので、味つけをあっさりとするのがコツ。

コウタケは適当な大きさに裂いて、糸を通すなどして干し、乾燥保存しておこう。水でもどせばシーズンオフでも香ばしいコウタケご飯が楽しめる

いろいろなきのこの炊き込みご飯

複数のきのこを入れて炊き込みご飯に。きのこから出るだしを吸った米がとにかくうまい。それぞれのきのこの食感の違いも楽しめる。

作り方

①きのこは石突きを取り、大きめなきのこは2つ割りにするなどして、食べやすくする。

②にんじんと油揚げは細切りにする。

③米をとぎ、必要な分量のだし汁をつくる。

④米、きのこ、にんじん、油揚げ、だし汁を炊飯器に入れて炊く。

⑤お茶碗によそって、絹さやをのせる。

⑥和風のだしではなく、コンソメで炊けば洋風の炊き込みご飯になる。サフランを入れてパエリア風にしても。

炊き込みご飯丼

薄味にしあげたきのこの炊き込みご飯の上に、鶏肉と半熟のゆで卵をのせてボリュームのある丼に。

作り方

①きのこの炊き込みご飯を炊く。ここではマイタケ、ヒラタケなどを使ったが、ほかのきのこでもOK。ご飯の上に濃いめの味つけの具がのるので、ご飯のほうは薄味にしあげるとバランスがよい。

②きのこご飯が炊き上がったら、焼いて、たれをからめておいた鶏肉と半熟のゆで卵をのせる。

好みでイクラや焼き鮭などの
具をのせても

きのこの粕漬けのお茶漬け

いろいろなきのこを粕漬けにして保存しておく。きのこそのものの香りは薄くなるが、それぞれ違ったきのこの歯ごたえが味わえる。そんなきのこを白いご飯に盛って、お茶漬けをしてみよう。

作り方

①きのこは石突きを取り、食べやすい大きさにする。

②酒粕と砂糖、塩を混ぜ合わせたものに、①を漬ける。丸一日くらいで漬けあがる。

③漬け床からきのこを取り出して、さっと洗い、余分な水気を取ってご飯にのせ、ミツバをあしらう。

④湯やだし汁を注ぐ。

煮込み

煮込みは少し時間がかかるけれど、きのこに煮汁がしみ込み、きのこのうまみがほかの素材に行き渡る。ことこと煮込んで、うまみを引き出そう。

ヒラタケのトマト煮

ヒラタケの肉は強靭で煮込んでも形が崩れない。英名は「オイスターマッシュルーム」。その名のとおり、玉ねぎの甘みとトマトの酸味の中で、貝のような味わいを発揮する。

作り方

①ヒラタケは食べやすい大きさにちぎり、玉ねぎはみじん切り、トマトは粗みじんにする。

②鍋に①とコンソメスープを入れて煮込み、塩、こしょうで味を調える。

ナメコの豆乳煮

ナメコは和風料理だけではなく、洋風にも向く。粘性のあるナメコを豆乳で煮てクリーミーな一品に。牛乳や生クリームを使わないので、コクがあるけれど、さっぱりとしあがる。

作り方

①玉ねぎをみじん切りにする。

②鍋に①を入れ、①がひたるくらいのコンソメスープを入れて弱火で火を通す。

③②にナメコと豆乳を入れてさらに煮込む。豆乳の量は好みによるので、入れながら濃さを加減する。豆乳を入れると吹きこぼれやすいので火加減に注意する。

④塩、こしょうで味を調えてしあげる。

ムキタケのバラ肉煮

ムキタケは傘の皮の下にゼラチン層があり、つるっとした歯ごたえが魅力的だ。肉汁をたっぷりとふくませて味わってみよう。

作り方

①豚バラ肉は塊のまま、大根は2cmくらいの厚みに輪切りにする。

②①を鍋に入れ、適量の水で煮る。肉の臭みが気になるときは、しょうがや唐辛子を入れる。

③1時間くらい煮たら、ムキタケ、しょうゆ、日本酒少々を入れて、肉がやわらかくなるまでさらに1時間くらい煮る。できたてよりも、いったん冷ましてから温め直したほうが、味が十分にしみておいしい。

ピクルス

半端に余ったきのこはピクルスに。密閉容器で冷蔵庫に保存すれば1週間くらいもつので、ちょっとした箸休めのほか、肉料理のつけあわせ、サラダにも利用できる。

赤や黄色のパプリカを使って彩りよく

作り方

①きのこは適当な大きさにちぎる。パプリカは短冊に切る。

②鍋に酢を1カップと、はちみつを入れて火にかける。はちみつの量は好みによるので、味見をしながら加減する。ローリエ、タイム、ローズマリーなどのハーブを加えても。

③②に①を入れ、ひと煮立ちさせてから火を止め、冷めるのを待つ。すぐに食べてもいいが、粗熱がとれたら冷蔵庫に入れ、ひと晩寝かせると味がしみる。

山岡シェフに聞く！ きのこの 持ち帰り方・保存法

　野生のきのこ料理が楽しめるレストラン「マッシュルーム」（東京・恵比寿）の山岡昌治シェフに聞いた、持ち帰り方のコツと冷蔵庫での保存方法。

●持ち帰るとき

　気温の高いときは、きのこ自体にも熱がこもっているので、スーパーの袋などに詰めて持ち帰ると互いの熱でむれて傷む。通気性のよいかごやざるなどに、なるべく重ねないように広げて持ち帰るとよい。

●帰宅後の処理

　なるべくその日のうちに下処理をする。特に暑い季節は、虫が入っているきのこは翌日に持ち越すと食べられなくなることもあるので、少なくとも虫食い部分の除去だけは行う。

　ひどい汚れは水で洗う。洗った後、外側の水分はキッチンペーパーなどで拭き、ざるや網に広げて風通しのよい所に置いて軽く乾かす。洗うときに含んでしまった余分な水分を飛ばし、生えていたときと同じくらいの状態に戻すと、鮮度を保ちやすい。

●冷蔵庫での保管

　冷蔵庫に入れるときは、プラスチックの密閉容器は使わずに、新聞紙や保湿シートにくるんで冷蔵庫へ。冷気がまともに当たる所は避け、野菜室などに保管する。

PART 5

山菜・きのこ
採集心得

楽しい山菜採りやきのこ狩りも準備があってこそ

覚えておきたい
山でのルールとマナー

マナーを守って行動する

　山菜やきのこの採集はどこでも許されているわけではなく、採ってはいけないエリアもある。例えば尾瀬などの国立公園の特別保護地域ではもちろん、一般の公園でも動植物の採集を禁じていることもある。田んぼや畑などの私有地は、必ず持ち主の許しが必要だ。ひと言、断ってから立ち入るようにしよう。「山菜・きのこ狩り禁止」などの表示があったら立ち入りは厳禁だ。

　また、いつまでも豊かな自然の中で山菜やきのこ採りを楽しむために、自然を大切にする気持ちを忘れないようにしよう。自分が立ち去った後に足跡以外は残さないようにするのが、自然の中で遊ぶためのマナーだ。山や野原を歩くときは、自然に与える影響をなるべく少なくすることを心がける。特に山菜のメインシーズンである春は、野山の植物の生育が旺盛な時期。むやみに踏みつけたり、木の枝を折ったりするような行為は絶対に慎もう。

　当然のことだがゴミはすべて持ち帰る。プラスチックの容器や包装紙はもちろんだが、例えばみかんの皮を「自然に返るから」といって捨てるのも禁物。トイレも事前にすませておきたい。もし、山中でトイレをした場合には、使用したティッシュペーパーは、汚れていても必ず持ち帰る。

フィールドでの危険やトラブル

山中の要注意ポイント

　山は自然そのものがフィールドとなる。歩くのは登山コースだけではなく、残雪や岩場などの難所もある。ここでは、通過する際に注意したい危険なポイントについて解説していこう。

●雪渓

　残雪の広がりである雪渓の上は滑りやすく、歩きにくい。特に急傾斜になっている雪渓上で転倒すると、そのまま滑り落ちることもあるので、とても危険である。特に雪面がかたくなっている場合には慎重さをいっそう増したい。また、雪解けが進んだ雪渓の下には空洞ができて雪面が薄くなっている。上にのった瞬間に崩れてしまうこともある。歩く前に必ず雪面の厚さを確認し、不安を感じたら歩かないようにする。

●岩場

　岩場を登り下りするときは、岩をつかむ両手と足場にのせる両足の4点のうち、1点だけを動かして3点を確保した状態を保つこと。恐怖心から岩にへばりついてしまうと次の手がかりや足場も見つけにくい。体を岩から離した状態をキープする。

　補助用のクサリやロープがある場合もあるが、それらはあくまでバランスをとるためのもの。ぶら下がったり、体重をかけて引っ張ったりはしないこと。

●ガレ場

　ガレ場で注意したいのは、安定していないぐらぐらした石（浮き石）だ。この上でバランスを崩し、足をくじいたり、ネンザしたりすることもある。浮き石が多い分、落石も起こりやすい。足をのせる石を確実に選びながら通過する。

道に迷ったら高い所へ

　公園や低地の緑地で山菜やきのこを採るのなら、道迷いの心配はまずない。しかし、より本格的な山菜やきのこを求めて自然度の高いフィールドに入った場合、必ずしも決められた登山コースを歩くのではないことも多く、道に迷う確率は登山やハイキングよりも高い。

　道に迷ったときの原則は、どちらへ進めばよいかがわかる地点や登山道に戻るまで、進んできたルートを引き返すこと。しかし、やぶや森の中だったりすると、自分がどちらの方角から来たのかさえも、わからなくなることがある。こんなとき、つい下って沢筋をルートにしがちだが、沢は途中で消えていたり、滝の上に出てしまったりすることもある。かなりの距離を下った後に登り返すことはさらにハード。体力を消耗し、遭難の危険性がいっそう高まる。この場合は高みを目指して登り、見晴らしのきく場所に出る。視界が開けると現在地が推測しやすい。

　歩くときは、常に自分の居場所を意識して移動したいが、道に迷ったときに備えて、地図とコンパスを携帯するようにしたい。コンパスの使い方を習得しておけば、特徴のある形などから、地図上で自分がどこにいるかを割り出せるようになる。

山菜やきのこ探しでは、登山道のない所を歩くことも多い

フィールドに出るときのウエア

平地の公園や緑地

　公園や低地の緑地なら、動きやすければどんなウエアでもかまわないが、自然度の高いフィールドに入るときは素材面を考えたウエアを用意しよう。

自然度の高いフィールド

　草や枝をかき分けながら進むケースもあるので、長袖長ズボンで手や足をガードしよう。素材は一般的な綿ではなく、吸汗性と速乾性の高いものを選ぶと、急に気温が低下したようなとき、体が冷えて体力をうばわれる心配が減る。アウトドアショップの登山コーナーへ行けば、こうした素材のウエアを購入できる。

　降水確率や気温にかかわらず、レインウエアを着用していると、朝露で葉がぬれた樹林などを歩くときも役に立つ。上下が分かれている登山用のものが動きやすく、暑いときは下だけでもはいておくと、湿った草むらを歩くときに下半身を水ぬれから守ることができる。

　同様の理由で足回りは長靴が便利だ。斜面などを歩くことを考えると、靴底がでこぼこしていて、滑りにくいものを選ぼう。長靴がないときはトレッキングシューズをはき、足元を雨や泥からガードするスパッツを組み合わせる。

アウトドアシーンではぬれて、体が冷えることは絶対に避けたい。雨が降っていなくても写真のようにレインウエアの上下を着て長靴をはいたスタイルがおすすめ

平地とは季節のズレがある

　家の近の公園や緑地で山菜やきのこを見つけられるようになると、ステップアップして山へと出かけたくなる。だが、北国に春の訪れが遅いのと同じように、山というフィールドも気象の面では平地とは異なっている。山に入る前に、まずは気象の特徴や山でのルールを覚えておこう。

　気温は、標高が100m上がるごとに約0.6度下がる。つまり、平地の都市部で平均気温が15度近くなる4月になっても、標高が1000mほど高い山の中では、気温が6度ほど低く、9度くらいなのだ。気温が低い分、標高1000m程度の山であっても平地に比べると雪が消えるのが遅く、樹木の芽吹きも遅くなる。また、木々の葉が落ちるのも早く、初雪が降るのも早まる。

　このように山では、平地とは季節がズレていることを頭に入れておかないと、さまざまなトラブルが起きやすい。

　まず、山は寒いと思っておくこと。平地と同じ軽装では、行動中はともかく、歩みを止めると肌寒いこともある。特に汗をかいた後では余計に体が冷えやすい。フリースセーターや薄手のダウンなどの防寒着を必ず携行しよう。

　また、山では日が短い。山の中では時間に余裕をもって早め早めの行動を心がけ、春先や晩秋には遅くとも午後3時くらいには山を下りているようにしよう。

山菜採りにちょうどよい5月上旬でも、北国の山の周辺にはまだ雪がいたる所に残る

天候変化に備えた装備と行動を

　山では地形的な面から自然に上昇気流が起こって雲が発生することもあるため、実際に平地に比べると天候は変化しやすい。標高が高ければ高いほど天候は変わりやすい。

　前線や低気圧によって天候が崩れてくるケースでも、山はいち早く影響を受け、回復も平地より遅い。天気予報で一日中、晴れとなっていても、山へ出かける時は、雨天や荒天のことを考えた服装の準備を必ずしよう。

　また、着替えや食料といった装備は、それぞれをスタッフバッグやビニール袋に入れて、雨が降ってもぬれないようにする。さらにザックカバーも用意しておけば心強い。

　そして天気が崩れたら、「たいしたことない」と思っても、それ以上は進まず、早めに下山しよう。

山の天気は変わりやすい。
常に悪天候に備えよう

装備のいろいろ

　ナイフやハサミ、かごや新聞紙といった、採集に必要なものほか、山に入るときは次のようなものを用意しよう。

●長袖シャツ
枝や岩などにこすって、腕などをケガするのを防止するため。汗を素早く吸収して乾きが早い素材のものを選ぶ。

●フリースセーター、ダウンジャケット
防寒着として、フリースセーターやダウンジャケットは必ず用意する。

●パンツ
伸縮性があり、泥や露などをガードしてくれる、はっ水性のあるものを選ぼう。登山用のパンツをはいていると安心。

●レインウエア
雨に備えるだけでなく、露ぬれ防止や防寒に役立つ。上下が分かれるセパレートタイプが使いやすい。防水性と汗を発散して内部の蒸れを防ぐ透湿性にすぐれた、ゴアテックスなどの素材のものを選ぶ。

●手袋、軍手

採集は素手で行うのが基本だが、移動中は手を保護するため、手袋を着用したほうが安心。

●長靴

一般的な長靴は靴底がフラットで、特に下りなどでは滑りやすく、かえって危険。靴底ででこぼこしていてグリップの効くものを選ぶ。雪の多いエリアではスパイク付きの長靴が購入できる。

●トレッキングシューズ

くるぶしまで履くタイプがケガの防止にもつながるので安心。

●スパッツ

トレッキングシューズで山に入るなら、スパッツも着用すると足元が露などでぬれるのを防ぐことができる。

●帽子

枝をかき分けながら進むとき、頭部をガードするのに必要。てぬぐいやタオルをまいてもよい。

●ヘッドライト

万が一、下山が遅くなってしまったときに備えて用意する。両手が空くので懐中電灯よりも便利。

●ファーストエイドキット

ばんそうこう、鎮痛剤、消毒薬、虫さされの薬、三角巾など必要に応じて持参する。

●行動食

行動中にとる飲料や食料。好みのものを用意すればいいが、飲料は、砂糖の入っていないものも用意する。食料はナッツ、チョコレート、クッキーなど高カロリーのものがベター。

さくいん

山菜&きのこ採り入門

2018年7月1日　初版第1刷発行

著　者　　大作晃一
発行人　　川崎深雪
発行所　　株式会社 山と渓谷社
　　　　　郵便番号　101-0051
　　　　　東京都千代田区神田神保町1丁目105番地
　　　　　http://www.yamakei.co.jp/

■乱丁・落丁のお問合せ先
　　　　　山と渓谷社自動応答サービス：電話03-6837-5018
　　　　　受付時間／10時〜12時、13時〜17時30分（土日、祝祭日を除く）
■内容に関するお問合せ先
　　　　　山と渓谷社：電話03-6744-1900（代表）
■書店・取次様からのお問合せ先
　　　　　山と渓谷社受注センター：電話03-6744-1919
　　　　　　　　　　　　　　　　　ファックス03-6744-1927

本文フォーマットデザイン　岡本一宣デザイン事務所
印刷・製本 図書印刷株式会社

定価はカバーに表示してあります